Vorwort.

Ein ähnliches Buch über Lagermetalle und ihre Bewertung liegt bis jetzt nicht vor. Die Frage ist fast ausschließlich nur von mathematischen sowie konstruktiven Gesichtspunkten aus behandelt worden. Es seien an dieser Stelle die Arbeiten von Stribeck, Lasche, Gümbel, Sommerfeld u. a. genannt, die die Verfasser der Aufgabe entheben, diesen Teil des Gegenstandes zu berühren. Vielmehr waren es Fragen der **Herstellung**, der **Prüfung**, der **Bearbeitung** und in gleichem Maße auch die des **Betriebes**, die zur Grundlage der vorliegenden Ausführungen gewählt wurden.

Die Prüfung der Lagermetalle und die Kontrolle der Arbeitsbedingungen der Lager liegt in den meisten Werken noch sehr im argen. Statistischen Aufzeichnungen begegnet man fast nie in den Betrieben. Viele nutzbringende Feststellungen und Betriebsbeobachtungen gehen den einzelnen Betriebsleitungen und der Technik auf diese Weise verloren. Ökonomisch läßt sich die Bedeutung dieser Faktoren kaum übersehen, denn es sind nicht nur Materialverluste, die in Frage kommen, sondern in allererster Linie die Verluste an Um- und Ausbauten der Lager, und vor allen Dingen die verlorene Zeit, durch die die Maschinen auf diese Weise dem Betrieb entzogen werden. Aber auch in technisch erzieherischer Hinsicht ist die Überwachung der Leistungsfähigkeit der Lager von sehr erheblichem Werte. Sie bietet dem Betriebsleiter die beste Handhabe zur objektiven Wahl der bestgeeigneten Lagermetallarten. Dadurch können viele unnütze Fehlschläge und Versuche in den Betrieben erspart werden. Es gilt hier mit dem hergebrachten alten Vorurteil zu brechen und das subjektive Urteil durch planmäßige technisch-wissenschaftliche Prüfung zu ersetzen.

Frankfurt a. M., im November 1919.

Die Verfasser.

Inhaltsübersicht.

I. Stand und Bedeutung des Gegenstandes.

	Seite
A. Lagermetalle als betriebsökonomischer Faktor	1
B. Einige geschichtliche Daten	1
1. Uranfänge	1
2. Altertum und Mittelalter	1
3. 15. Jahrhundert	2
4. 18. Jahrhundert	2
5. Materialien und Schmiermittel	4
6. Anbruch der neueren Entwicklung	5
C. Neubestrebungen und ihre letzte Entwicklung	5
Ersatz des Zinns	5
D. Allgemeines über Lagermetalle	5
1. Hauptarten der Lagermetalle	5
2. Rotguß	6
3. Zinnweißmetall und Einheitsmetall	6
4. Lurgilagermetall	6

II. Schmelztechnisches.

A. Maßregeln beim Einschmelzen	6
1. Rotguß	6
a) Schmelztemperatur, b) Überhitzung, c) Altmetallzusätze, d) Schutzschicht und Öfen, e) Schädigung durch Fremdmetalle	7—9
2. Zinnweißmetall und Einheitsmetall	9
a) Schmelztemperatur, b) Überhitzung, c) Altmetallzusätze, d) Schutzschicht und Öfen, e) Schädigung durch Fremdmetalle	9—14
3. Lurgilagermetall	14
a) Schmelztemperatur, b) Überhitzung und Schutzschicht, c) Altmetallzusätze, d) Art der Öfen, e) Schädigung durch Fremdmetalle	14—20

III. Gießtechnisches.

A. Vorbereitende Maßnahmen	20
1. Gießformen	21
a) Gießen in eisernen Formen, b) Gießen in Sandformen	20—21

LAGERMETALLE
UND IHRE TECHNOLOGISCHE BEWERTUNG

EIN HAND- UND HILFSBUCH
FÜR DEN BETRIEBS-, KONSTRUKTIONS- UND
MATERIALPRÜFUNGSINGENIEUR

VON

J. CZOCHRALSKI UND G. WELTER
OBER-INGENIEUR DR.-ING.

ZWEITE, VERBESSERTE AUFLAGE

MIT 135 TEXTABBILDUNGEN

BERLIN
VERLAG VON JULIUS SPRINGER
1924

ISBN-13:978-3-642-89480-0   e-ISBN-13:978-3-642-91336-5
DOI: 10.1007/978-3-642-91336-5

Alle Rechte, insbesondere das der Übersetzung
in fremde Sprachen, vorbehalten.

Copyright by Julius Springer in Berlin.

Softcover reprint of the hardcover 2nd edition 1924

Inhaltsübersicht. V

Seite

2. Teilungseinlagen 21
3. Spezifisches Gewicht 22
4. Schwindmaß 22
5. Zugaben für verlorenen Kopf und Bearbeitung 22
6. Vorwärmen der Gießformen 23
7. Steigender und anderer Guß 23
   a) Steigender und fallender Guß, b) Stehender und liegender Guß 23
8. Gießtemperatur und Gießbarkeit 24
B. Gießen und Nachbehandlung 25
1. Das Gießen 25
2. Erstarrungszeit als Wertmesser für die Gußqualität 26
3. Rissebildung beim Erstarren und Abkühlen 27
4. Haftbarkeit und Maßnahmen zu ihrer Erhöhung 27
   a) Allgemeines, b) Schwalbenschwanznuten, c) Konische Bohrlöcher, d) Skelette . . . . 27—30
5. Zusammenfassendes 30

IV. Werktechnische Prüfung und Bearbeitung.

A. Werktechnische Prüfung 30
1. Klangfester Sitz 30
2. Härteprüfung . . . . 30—32
B. Bearbeitung 32
1. Drehbarkeit 32
2. Schmiernuten 34
3. Fehler nach der Bearbeitung 34

V. Prüfungstechnisches.

A. Maschinentechnische Prüfung 35
1. Bedeutung und Stand der Prüfung 35
2. Die verschiedenen Verfahren 36
   a) Reibungsverfahren, b) Abnutzungsverfahren . . . . . . 36—38
3. Prüfstände 38
   a) Allgemeines, b) Zapfendruck, Gleitgeschwindigkeit und Lagertemperatur, c) Verlauf der Prüfung, d) Prüfungsergebnisse, (α Laufversuche bei normalem Zapfendruck, β Laufversuche bei sehr hohem Zapfendruck, γ Laufversuche unter anormalem Zapfendruck) . . . . 38—50
4. Weitere Prüfungsarten 50
   a) Kantenpressung, b) Wechsel- und Stoßbeanspruchung, c) Anlaufversuche . . . . 50—54
5. Störende Nebenerscheinungen 54
B. Materialprüfungstechnisches 55
1. Zweck und Bedeutung der Prüfung 55
2. Elastizitätsgrenze 56

VI Inhaltsübersicht.

Seite
3. Stauchfähigkeit und Druckfestigkeit 61
   a) Nominelle Druckfestigkeit, b) Effektive Druckfestigkeit 64—67
4. Härte bei Zimmertemperatur 67
5. Härte und Druckfestigkeit bei hohen Temperaturen 70
6. Nachhärtung 72

C. Metallographische Prüfung 75
   1. Allgemeines 75
   2. Rotguß 76
   3. Zinnweißmetall 80
   4. Einheitsmetall 80
   5. Lurgilagermetall 82
   6. Technologischer Wert der Prüfung 83
   7. Korngröße 83
   8. Seigerung und Lunkerbildung 83

VI. Konstruktionstechnisches und Betriebstechnisches.

1. Einstellbarkeit 88
2. Ölluft 90
3. Ölnuten 92
4. Schmierung 94

VII. Anwendungsgebiete und Betriebserfahrungen.

1. Gesichtspunkte für die Wahl eines Lagermetalles 97
   a) Allgemeines 97
2. Lager für geringe Belastung 98
   a) Transmissionslager, b) Schnellauflager, c) Gleitschuhe 98—102
3. Lager für mittlere Belastung 102
   a) Kurbelwellenlager (Wechseldrucklager), b) Spurlager, c) Kammlager . . . . 102—105
4. Lager für hohe Belastung 105
   a) Pleuelstangenlager (Stoßdrucklager), b) Achsenlager für Eisenbahnwagen . . . . 105—109
5. Lager für höchste Belastung 109
   a) Walzwerkslager 109
6. Kontrolle der Lager im Betriebe 112

Sachverzeichnis 115

I. Stand und Bedeutung des Gebietes.
A. Lagermetalle als betriebsökonomischer Faktor.

Die Kriegsjahre brachten so große Umwälzungen auf dem Gebiete der Metalle und Legierungen, daß zukünftig mit gänzlich veränderten Bedingungen in allen Zweigen der Industrie und Technik zu rechnen sein wird. Insbesondere werden alle diejenigen Industriezweige stark betroffen, die unter der Rohstoffknappheit schon ohnehin zu leiden hatten und dadurch technisch vieles von Grund auf umlernen mußten. Von den erschöpften Baustoffen kommen in erster Linie die

Lagermetalle

in Frage, weil sie für die Aufrechterhaltung des Betriebes, als deren Sinnbild das rollende Rad gelten kann, eine Lebensnotwendigkeit sind. Aber auch unsere wirtschaftlichen Verhältnisse haben sich derart verschoben, daß unsere künftige Konkurrenzfähigkeit nur in der äußersten Betriebsökonomie gebieterisch verankert sein wird. In dieser Hinsicht einiges beizutragen, soll die Aufgabe dieser Zusammenfassung sein.

B. Einige geschichtliche Daten.

1. Uranfänge. Das erste Lagersystem mag wohl vorgelegen haben, als der primitive Mensch beim Bohren eines Loches in irgendeinen Gebrauchsgegenstand zum ersten Male einen Steinsplitter betätigte. Andere Forscher glauben, diesen Vorgang erst in der Ausbildung des Gegenlagers für das äußere Bohrerende zu erblicken. Vorbilder in der Natur für diese rotatorische Bewegungsart fehlen gänzlich. Sie erscheint als ein ausschließliches Produkt technischer Betätigung des Menschengeistes.

2. Altertum und Mittelalter. Bei den Kulturvölkern des Altertums scheint dieser Zweig der Technik schon zu einer ziemlichen Blüte gelangt zu sein; denn wir finden bereits bei ihnen, insbesondere in Indien und China, eiserne Lagerkonstruktionen. Das

Mittelalter, das gegen das Altertum auch in technischer Beziehung einen Rückfall bedeutet, verwendet vorwiegend Holzlager, oft recht roher Ausführung.

3. 15. Jahrhundert. Erst zu Beginn des 15. Jahrhunderts trat, vor allem durch die fruchtbare Tätigkeit der Militärtechniker, freien Handwerker und Kunstmeister ein technischer Aufschwung ein, der die Ausbildung der Maschinenelemente sehr förderte und auch den Lagerkonstruktionen zugute kam. Aber erst aus dem 16. Jahrhundert haben wir Quellen und Zeichnungen, die uns etwas mehr als bloße Andeutungen der damaligen Lagerarten geben. In Abb. 1 ist ein Traglager in Bockform mit aufliegendem Zapfen

Abb. 1. Traglager in Bockform mit aufliegendem Zapfen und eisernem Lagerdeckel aus dem 16. Jahrhundert.

und einem eisernen Lagerdeckel wiedergegeben; in Abb. 2 ein Hängelager, gerüstartig ausgebildet und durch eiserne Bügel verstärkt; endlich in Abb. 3 ein Antifriktionsrollenlager mit Eisenbeschlag, das zwar zu damaliger Zeit nur sehr vereinzelt Anwendung fand, das aber insbesondere technisch insofern interessant ist, als es als Vorläufer der heutigen Kugel- und Rollenlager angesehen werden muß. (Die Abb. 1, 2 und 3 entstammen dem 1588 in Paris erschienenen Werke von Ramelli.)

4. 18. Jahrhundert. Im 18. Jahrhundert beginnt dann die technische Vervollkommnung der Konstruktionen unter Berücksichtigung von Einzelheiten. Hier war es besonders die Drehkunst, die die Ausbildung der Lagerarten besonders förderte. In diese

Zeit fällt auch die Einführung der konischen Zapfenlager, sowie die vollkommen durchgeführte Zweiteilung der Lagerschalen unter

Abb. 2. Hängelager aus dem 16. Jahrhundert, gerüstartig ausgebildet und durch eisernen Bügel verstärkt.

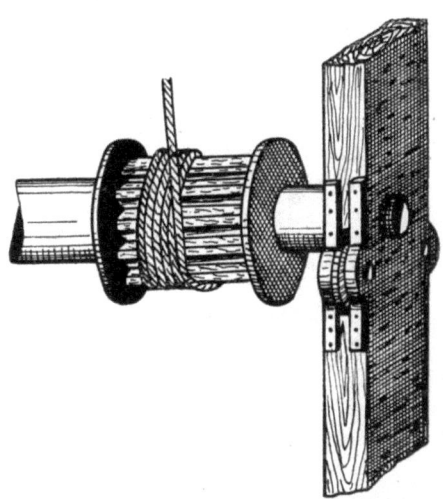

Abb. 3. Antifriktions-Rollenlager aus dem 16. Jahrhundert mit Eisenbeschlag, Vorläufer der heutigen Kugel- und Rollenlager.

Berücksichtigung der Nachstellbarkeit. Abb. 4, entnommen aus dem Werk von Teuber, Regensburg, 1756, stellt ein Drehbanklager dieser Art dar.

5. Materialien und Schmiermittel. Über die Zweckmäßigkeit der Lagermaterialien bestanden schon damals verschiedene Ansichten. Man greift alsbald zum Ausbüchsen der Holzlager und verwendet bald Eisen, bald Messing oder Bronze, aber auch vielfach Leder und Zeuggewebe. Auch Armierungen des Zapfens finden Anwendung (siehe Abb. 5 aus dem Werk von Luipold 1724). Etwa um das Jahr 1800 (zwischen 1792 und 1816) finden wir zum ersten Male unter anderen Legierungen das Zinn-Antimon-Weißmetall erwähnt.

Frühzeitig werden die Mängel der Metallager, das „Verstochen" und „Sichineinandersetzen", offenbar.

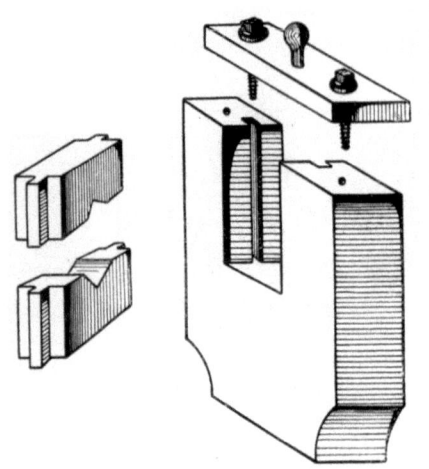

Abb. 4. Zweiteiliges Drehbanklager, um 1750 im Gebrauch.

Baumöl, Hammeltalg, Fett, Seife und Unschlitt werden zur Bekämpfung dieses Übels mit wechselndem Erfolg angewandt. Die Material- und Schmiermittelfrage beginnt bereits in den Vordergrund zu rücken.

6. Anbruch der neueren Entwicklung. Bis zur Durchbildung der kompendiösen, modernen Lagertypen sehen wir alsdann allerlei sinnreiche Verbesserungen auftauchen: selbsteinstellbare Lageraggregate, Lagersysteme, die die Anwendung bis dahin ungeahnter Geschwindigkeiten und Lagerdrucke

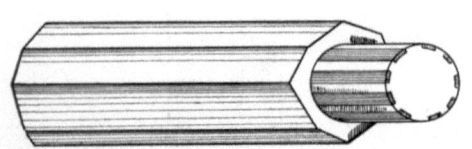

Abb. 5. Welle mit armiertem Zapfen aus dem 18. Jahrhundert.

zulassen, Lager mit Ketten- und Ringschmiervorrichtungen, Lager mit Tropfölern, Preßschmierung usw., wir sehen aber auch die Ansprüche hinsichtlich der Beschaffenheit der Konstruktionsstoffe unausgesetzt steigen. Indes ermöglichte aber erst die allerletzte Zeit ein tieferes Eindringen in das Wesen dieser so überaus wichtigen Elemente des Maschinenbaues.

C. Neubestrebungen und ihre letzte Entwicklung.

Ersatz des Zinns. Bereits um die Wende des Jahrhunderts setzten die ersten Bestrebungen ein, eine Verbilligung der Lagerkörper durch Legierungszusätze in gleichem Maße zu erzielen, als die Verbesserungen konstruktiver Art eine Preissteigerung zur Folge hatten. Einige Eisenbahnverwaltungen gingen daher frühzeitig dazu über, das Zinn im Zinn-Antimon-Weißmetall erst in geringen, dann in immer größeren Mengen durch Blei zu ersetzen. Für hochbeanspruchte Wellen war man aber trotzdem bis in die letzte Zeit um einen geeigneten, dem Zinn-Antimon-Weißmetall gleichwertigen Baustoff verlegen. Erst nachdem man die verfeinerten Hilfsmittel der modernen Metallkunde anzuwenden verstanden und durch eingehendes vergleichendes Studium zahlreicher metallographischer Systeme einen tieferen Einblick in das Wesen der Lagermetalle erhalten hatte, war es möglich, geeignete Stoffe ausfindig zu machen, die dem Zinn hinsichtlich seiner reibungsverringernden Wirkung als gleichwertig anzusprechen waren. Unter anderen Metallen wurde dieses Ziel durch ein bis dahin in der Legierungstechnik ungebräuchliches Metall und nicht zuletzt durch dessen technisch wirtschaftliche Erschließung erreicht. Als Legierungsbestandteil besitzt dieses Metall die wertvolle Eigenschaft, dem Blei auch ohne jeglichen Zinnzusatz die Eigenschaften, wie sie die Mechanik des Gleitvorganges erfordern, zu verleihen, so daß es das Zinn-Antimon-Weißmetall in dieser Hinsicht ersetzen kann. Dieses Metall, das ehedem im Kurse der Edelmetalle stand, ist das Barium. Lagermetalle mit diesem Legierungszusatz sind unter der Bezeichnung: Lurgilagermetall bekannt.

D. Allgemeines über Lagermetalle.

1. Hauptarten der Lagermetalle. Bei der Verwendung von Lagermetallen kommt es weniger auf die Kenntnis der verschiedenen Untergruppen der Legierungen an, als vielmehr darauf, die für die Benutzung der Metalle ausschlaggebenden Gieß- und Betriebsbedingungen genau zu kennen; denn nur auf diese Weise kann eine erfolgreiche Verwendung der einzelnen Metalle im Betriebe verbürgt werden. Die Betrachtungen sollen daher nur auf einige, dafür aber gut durchforschte Legierungen beschränkt werden, und zwar nach der Reihenfolge ihrer Entwicklung auf:

Rotguß,
Zinnweißmetall,
Einheitsmetall und
Lurgilagermetall.

2. Rotguß. Feste Normalien hinsichtlich der Zusammensetzung von Rotguß bestehen nicht; es sollen daher unter Rotguß Legierungen des Kupfers mit einem Zinnzusatz bis etwa 10% neben geringen Mengen Zink, Blei und Phosphor verstanden werden.

3. Zinnweißmetall und Einheitsmetall. Bei Zinnweißmetall sowie bei Einheitsmetall sind dagegen hinsichtlich der Zusammensetzung bereits engere Grenzen gezogen. Als typisch für diese Legierungen dürften etwa folgende Mischungsverhältnisse gelten:

Zahlentafel 1.

Art des Lagermetalles	Zusammensetzung in %			
	Sn	Sb	Cu	Pb
Zinnweißmetall	80	15	5	0
Einheitsmetall	5	15	0	80

4. Lurgilagermetall. Die Hauptbestandteile des Lurgilagermetalles bilden Barium und Blei. Der Bariumgehalt schwankt zwischen 2% und 4%. Andere Bestandteile sind nur in sehr geringen Mengen vorhanden und bewegen sich in den Grenzen von 0,5% und 1%. Die Legierung hat sich in der Praxis chemisch als recht beständig erwiesen.

II. Schmelztechnisches.

A. Maßregeln beim Einschmelzen.

1. Rotguß. a) Schmelztemperatur. Das Einschmelzen von Rotguß erfolgt in der Regel bei Temperaturen zwischen 1000° und 1100° (Schmelzpunkt etwa 1000°).

b) Überhitzung. Durch Sauerstoffaufnahme wird in dem flüssigen Metall leicht Zinnsäure gebildet, die auch nach dem Erstarren im Metall zurückbleibt und die Eigenschaften des Metalles stark beeinträchtigt. Der Einfluß ist um so stärker, je höhere Schmelztemperaturen angewendet werden und je längere Zeit das Metall der oxydierenden Atmosphäre ausgesetzt wird. Abb. 6 gibt Gefüge von Rotguß in ungeätztem Zustand wieder, an dem deutlich der Einfluß des „Überhitzens" erkennbar ist. Die rautenartigen

Gebilde a sind Zinnsäureeinschlüsse, die durch die starke Oxydation beim Überhitzen entstanden sind. Man kann diese Erscheinung als Zinnsäurekrankheit der Bronzen bezeichnen.

In Abb. 7 ist das Gefüge der gleichen Legierung nach dem Ätzen wiedergegeben. Durch das Ätzmittel ist die Struktur der Grundmasse bloßgelegt, in der die Zinnsäure eingebettet liegt. In Abb. 8 und 9 ist das Gefüge von Rotguß zu sehen, und zwar in ungeätztem und geätztem Zustande. Beide Proben wurden unter

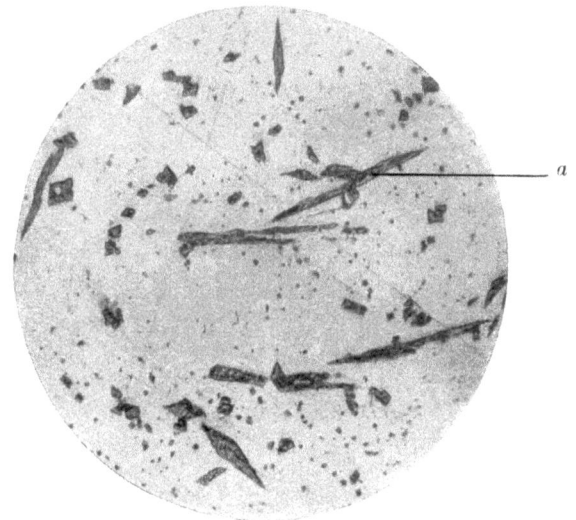

Abb. 6. Verbrannter Rotguß mit rautenartigen Zinnsäureeinschlüssen. Ungeätzt. Lineare Vergr. = 150.

besonderen Vorsichtsmaßregeln, also unter Vermeidung jeglicher Überhitzung, hergestellt. Das Gefüge ist in beiden Fällen völlig normal und frei von Zinnsäureeinschlüssen.

c) Altmetallzusätze. Ähnliche Störungen machen sich auch in hohem Maße beim wiederholten Umschmelzen, insbesondere bei der Wiederverwertung von Abfällen bemerkbar. Die Altmetallzusätze müssen daher entsprechend beschränkt werden. In der Regel wird der Zusatz unter 30% gehalten.

d) Schutzschicht und Öfen. Um Oxydation zu verhindern, wird die Schmelze vielfach mit einer Schutzschicht von Holzkohlenpulver bedeckt. Das Einschmelzen geschieht meist in Tiegelöfen.

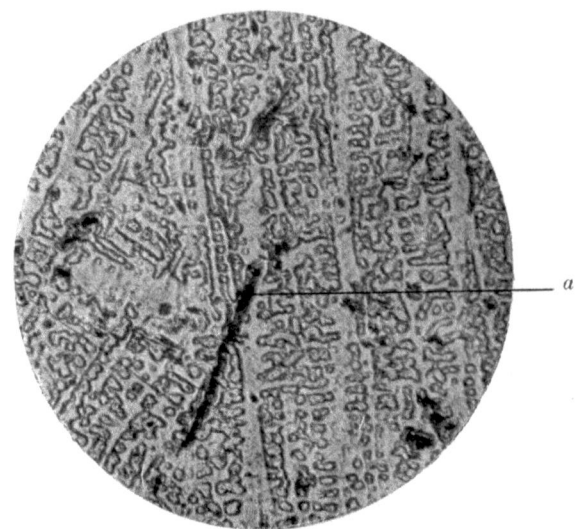

Abb. 7. Probestück, wie bei Abb. 6, aber geätzt. Ätzpoliert mit Ammoniakwattebausch. Lineare Vergr. = 50.

Abb. 8. Unter den üblichen Vorsichtsmaßregeln vergossener zinnsäurefreier Rotguß. Ungeätzt. Lineare Vergr. = 150.

e) **Schädigung durch Fremdmetalle.** Als schädliche Beimengungen kommen Bi, As, Sb, Cd, Al und Fe in Frage, doch ist der Einfluß der einzelnen Komponenten nicht genügend durchforscht, so daß es noch nicht möglich ist, die Wirkung der einzelnen Zusätze zahlenmäßig zu belegen.

2. Zinnweißmetall und Einheitsmetall. a) Schmelztemperatur. Zinnweißmetall und Einheitsmetall werden bei erheblich niedrigeren Temperaturen, und zwar am besten bei etwa 300° bis 400° eingeschmolzen (Schmelztemperatur von etwa 240 bis 360° und von etwa 240 bis 260°).

Abb. 9. Probestück wie bei Abb. 8, aber geätzt. Ätzpoliert mit Ammoniakwattebausch. Lineare Vergr. = 50.

b) Überhitzung. Überhitzung kann auch auf die Eigenschaften dieser Legierungen einen schädlichen Einfluß ausüben. Bei Zinnweißmetall kann, ähnlich wie bei Rotguß, Bildung von Zinnsäure beobachtet werden. Abb. 10 zeigt das Gefüge einer überhitzten Legierung, die von Zinnsäureeinschlüssen reichlich durchsetzt ist. Die Erscheinung trägt alle Kennzeichen der „Zinnsäurekrankheit" bei Rotguß und kann wohl auch mit dem gleichen Namen belegt werden. Je nach dem Grade der Überhitzung und der Überhitzungsdauer tritt diese Erscheinung mehr oder weniger stark hervor.

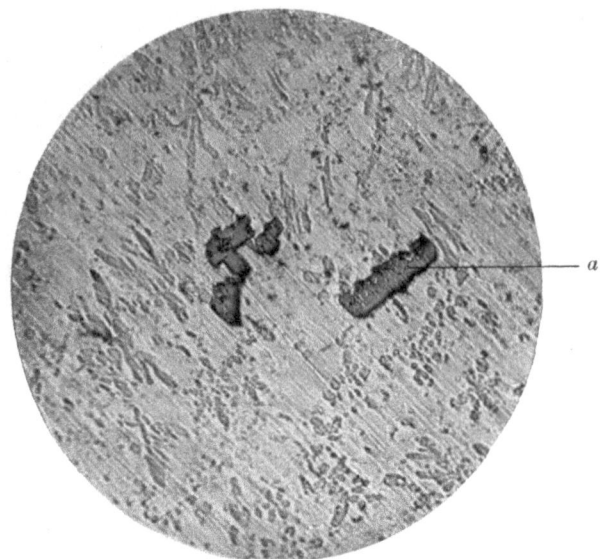

Abb. 10. Verbranntes Zinnweißmetall mit Zinnsäureeinschlüssen.
Lineare Vergr. = 250.

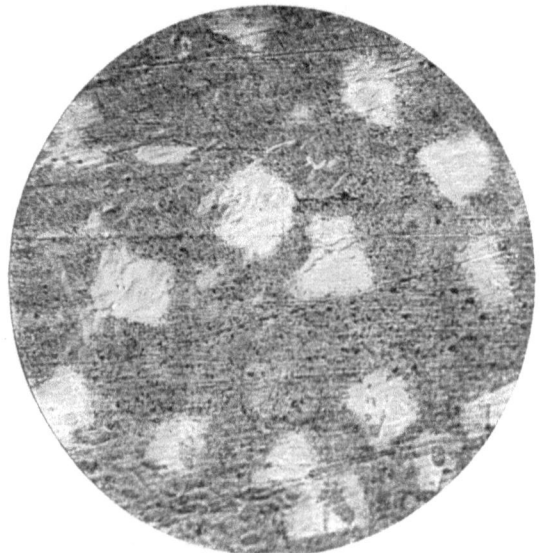

Abb. 11. Unter den üblichen Vorsichtsmaßregeln vergossenes, zinnsäurefreies Zinnweißmetall. Ungeätzt. Lineare Vergr. = 250.

Das Gefüge einer Legierung, die beim Vergießen vor Oxydation und Überhitzung besonders geschützt wurde, ist in Abb. 11 wiedergegeben: sie ist völlig zinnsäurefrei. Sowohl in dieser Abbildung, als auch in der Abb. 10 zeigt die Grundmasse, wenn auch undeutlich, gewisse Gefügeeinzelheiten; dies rührt daher, daß die Grundmasse Zonen verschiedener Härte aufweist und dadurch beim Schleifen und Polieren ein Flachrelief entsteht, das auch im Schliffbild sichtbar wird.

Die Schliffbilder Abb. 12 und 13 geben über diese Erscheinung weiteren Aufschluß; sie entstammen den gleichen, aber geätzten Proben, wie die Abb. 10 und 11. Die Grundmasse ist durch das Ätzen in drei Bestandteile aufgelöst; daneben sind in Abb. 12 auch die charakteristischen Zinnsäureeinschlüsse a sichtbar. Deutlicher tritt indes die Zinnsäure in den ungeätzten Schliffen zum Vorschein. Wie daraus hervorgeht, kann sich auch die Prüfung ungeätzter Schliffe insofern als wertvoll erweisen, als die Sichtbarkeit einzelner Gefügebestandteile durch diese Maßnahmen beträchtlich gesteigert werden kann.

Einheitsmetall wird dagegen in der Weise beeinträchtigt, daß der Legierung in erster Linie das Antimon entzogen wird. Im Gefüge kommt dies insofern zum Ausdruck, als der Mengenanteil des Bestandteils, dem dieses Lagermetall seine Gleiteigenschaften verdankt, vermindert wird. In den Abb. 14 und 15 ist dies veranschaulicht. Die hellen Einschlüsse a enthalten die Hauptmenge des Antimons. Man kann aus den Abbildungen leicht ersehen, daß der Flächenanteil dieser Einschlüsse in der Abb. 15 beträchtlich abgenommen hat. Die Probe stammt von einem stark überhitzten Metall, während die Probe 14 einer Legierung entspricht, die vor Überhitzung und Oxydation geschützt war. Zur Bildung von Zinnsäureeinschlüssen neigt das Einheitsmetall nicht, weil der Zinngehalt der Legierung meistens nur gering ist. Offenbar wird auch das Antimon, ähnlich wie das Zinn, in das Dioxyd „Antimonsäure" übergeführt. Dieses ist bei der Schmelztemperatur des Metalles bereits in so hohem Grade flüchtig, daß es nicht mehr in der Legierung verbleibt, oder in die Schlacke übergeht.

Die überhitzten, also „verbrannten" Legierungen sind gekennzeichnet durch mangelnde Gleitfähigkeit, erhöhte Sprödigkeit und geringe Tragfähigkeit.

c) Altmetallzusätze. Auch durch wiederholtes Einschmelzen und durch übermäßige Altmetallzusätze tritt eine Beeinträch-

12 Schmelztechnisches.

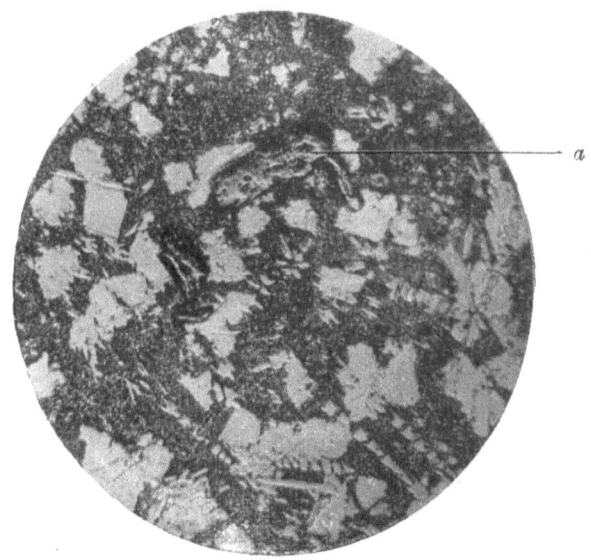

Abb. 12. Verbranntes Zinnweißmetall mit Zinnsäureeinschlüssen.
Ätzung: heiße Schwefelsäure 1:1. Lineare Vergr. = 250.

Abb. 13. Unter den üblichen Vorsichtsmaßregeln vergossenes, zinnsäurefreies Zinnweißmetall. Ätzung: heiße Schwefelsäure 1:1.
Lineare Vergr. = 250.

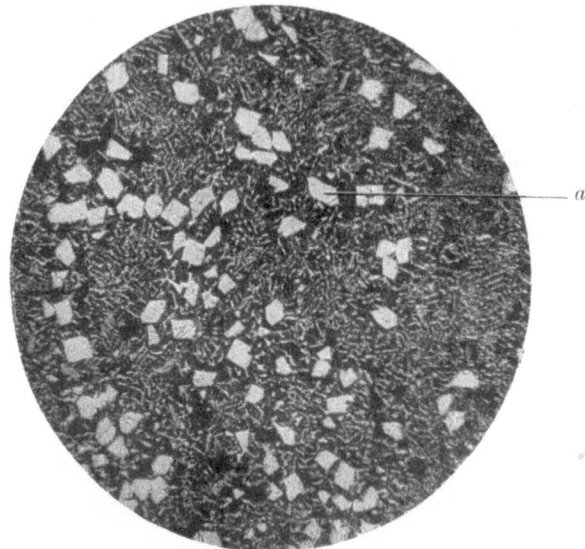

Abb. 14. Unter den üblichen Vorsichtsmaßregeln vergossenes Einheitsmetall. Geätzt mit Schwefelsäure 1:1. Lineare Vergr. = 250.

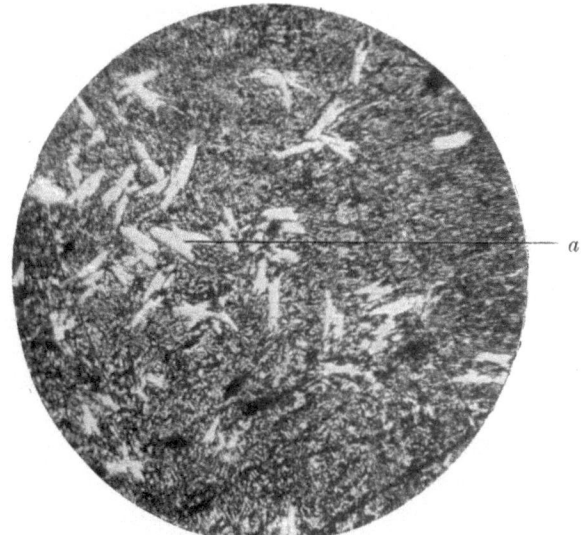

Abb. 15. Verbranntes Einheitsmetall. Geätzt mit Schwefelsäure 1:1. Lineare Vergr. = 250.

tigung der Legierungen, und zwar hinsichtlich der mechanischen Eigenschaften sowie der Gießbarkeit ein. Bei Zinnweißmetall und Einheitsmetall müssen die Zusätze an Altmetall in engen Grenzen gehalten werden. Auch hier sollen die Zusätze rund 20% bis höchstens 30% nicht übersteigen.

d) **Schutzschicht und Öfen.** Es erhellt daraus, wie wichtig es ist, auch diese Metalle beim Einschmelzen vor Oxydation zu schützen. Am besten eignet sich als Schutzschicht, ähnlich wie bei Rotguß, trockene Holzkohle. Sie wird am zweckmäßigsten schon beim Niederschmelzen der ersten Metallmenge aufgegeben und dauernd in einer Schicht von einigen Zentimetern Dicke auf dem flüssigen Metallbade erhalten. Zum Einschmelzen verwendet man zumeist gußeiserne oder schmiedeeiserne Kessel.

e) **Schädigung durch Fremdmetalle.** Außer den erwähnten schädlichen Einschlüssen kann die Legierung noch durch Verunreinigung mit Fremdmetallen verdorben werden. Bereits geringe Mengen Zink, sowie der Metalle der Aluminium-, der Alkali- und der Erdalkaligruppe wirken schädlich auf die Legierung ein, indem sie grobe Entmischungen und Seigerungen hervorrufen. Aluminium führt zu eigenartigen Zersetzungserscheinungen, während über den Einfluß des Zinks die Ansichten noch geteilt sind.

3. Lurgilagermetall. a) **Schmelztemperatur.** Die Schmelz- und Gießtemperatur für Lurgilagermetall ist etwa die gleiche, wie die für das Zinnweißmetall und Einheitsmetall, also rund 400° (Schmelzpunkt 320°).

b) **Überhitzung und Schutzschicht.** Das Lurgilagermetall zeigt beim Einschmelzen eine besondere Eigenart, von deren genauer Kenntnis die Verwendungsmöglichkeit mehr oder weniger abhängig ist, ja unter Umständen sogar gänzlich in Frage gestellt werden kann. Entgegen dem Verhalten der vorerwähnten Lagermetalle ist das Lurgilagermetall empfindlicher gegen andauerndes Überhitzen unter Luftzutritt. Wie bei den bisher gebräuchlichen Lagermetallen kann aber durch eine Schutzdecke von Holzkohlenpulver die Einwirkung oxydierender Gase auf das Metall stark abgeschwächt werden.

Im Schaubild Abb. 16 ist der Einfluß der Überhitzungsdauer auf die Kugeldruckhärte der Legierung graphisch dargestellt, und zwar mit und ohne Verwendung einer Holzkohlenschutzschicht. Man ersieht aus der Kurve *a*, die ohne Verwendung einer Schutzschicht aufgenommen wurde, daß sie anfänglich nur geringen

Härteverlust anzeigt, das geschmolzene Metall also während der Zeitdauer von etwa zwei Stunden kaum verändert wird. Erst nach diesem Zeitpunkt stürzt die Druckhärte der Legierung von etwa 30 kg/qmm bis auf den geringen Betrag von rund 6 kg/qmm herab.

Dagegen erfährt die unter Schutzschicht eingeschmolzene Legierung (Kurve b) einen viel sanfteren Härteabfall. Das geschmolzene Metall bleibt unter der Holzkohlenschutzschicht während der Zeitdauer von 12 Stunden fast völlig unverändert. Erst dann tritt ein ähnlicher Härteabfall auf, wie bei dem ohne Schutzschicht eingeschmolzenen Metall.

Kurve c ist in der gleichen Weise wie Kurve b erhalten worden, nur mit dem Unterschied, daß statt trockenem, feuchtes Holz-

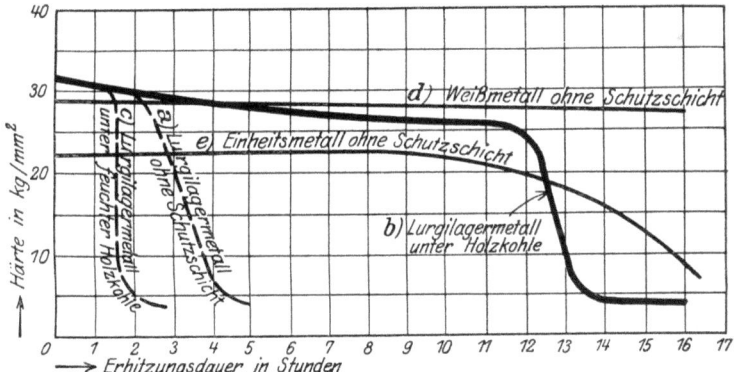

Abb. 16. Einfluß der Erhitzungsdauer bei 400° auf die Kugeldruckhärte verschiedener Lagermetalle.

kohlenpulver verwendet wurde. Die Kurve verläuft noch steiler, als die Kurve des ohne Schutzschicht erhitzten Metalles. Hieraus folgt, daß die Härte in Funktion der Schmelzdauer sich bei Verwendung feuchter Holzkohle noch wesentlich ungünstiger verhält, als bei dem unter Zutritt von Luft erhitzten Metall; feuchte Schutzschicht ist demnach gefährlicher als gar keine.

Der erste Wendepunkt der Kurve b stellt also einen Grenzwert dar, der nicht überschritten werden darf, wenn die Legierung ihre Verwendbarkeit als Lagermetall nicht einbüßen soll. Durch einfache Härteprüfung können solche Legierungen aber ohne weiteres erkannt und von der Weiterverarbeitung ausgeschlossen werden (siehe unter Härteprüfung).

Das Überhitzen macht sich, ähnlich wie beim Einheitsmetall, auch im Gefüge bemerkbar, und zwar insofern, als der Mengenanteil des Gefügebestandteiles, dem dieses Lagermetall seine Gleiteigenschaften verdankt, vermindert wird. Abb. 17 und 18 bringen dies zum Ausdruck. Die dunkle Grundmasse enthält die Hauptmenge des Bariums. Man kann aus diesen Abbildungen leicht ersehen, daß der Flächenanteil der dunklen Grundmasse in der Abb. 18 beträchtlich abgenommen hat. Die Probe Abb. 18 stammt von einem stark überhitzten Metall, während die Abb. 17 einer

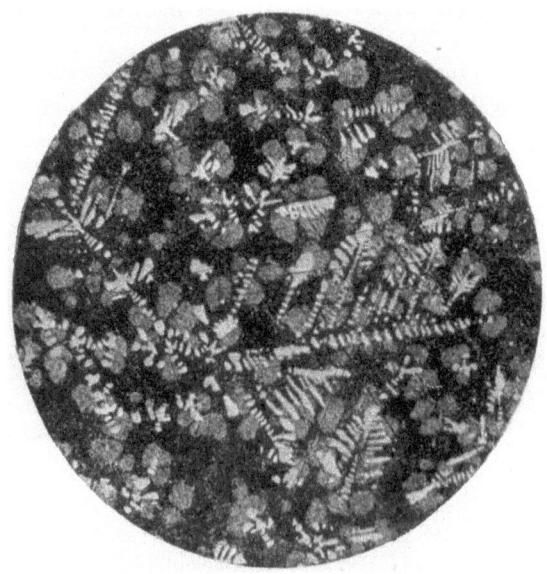

Abb. 17. Unter den üblichen Vorsichtsmaßregeln vergossenes Lurgilagermetall. Geätzt durch Anlaufenlassen an der Luft. Lineare Vergr. = 150.

Legierung entspricht, die beim Schmelzen und Vergießen vor Oxydation geschützt war. Von der nadeligen, dritten Kristallart ist im Gefüge Abb. 18 nichts mehr zurückgeblieben. Das verbrannte Metall kann also auch mikroskopisch als solches erkannt werden.

Zum Vergleich seien noch die Ausbrandkurven für Zinnweißmetall (Kurve d) und Einheitsmetall (Kurve e) in Abb. 16 wiedergegeben. Bei Zinnweißmetall findet gemäß der Kurve d eine Härteabnahme nicht statt, während das Einheitsmetall gegenüber dem Lurgilagermetall sich durch einen stetigeren Verlauf der Kurve auszeichnet. Dies ist aber nicht einmal von Vorteil, weil dadurch die Grenze nicht scharf zum Ausdruck kommt, bei der die Legierung ihre technischen Eigenschaften einbüßt. Bei Lurgilagermetall ist diese Grenze dagegen äußerst scharf ausgeprägt und daher als Wertmaß verwendbar. Die Härte des Zinnweißmetalles wird zwar durch Überhitzen praktisch nicht beeinflußt, das Metall wird aber durch Einschmelzen unter Luftzutritt und durch Überhitzen in anderer Weise empfindlich geschädigt (Zinnsäurekrankheit).

c) **Altmetallzusätze.** Wiederholtes Einschmelzen und Wiederverwendung von Abfällen sind auf das Lurgilagermetall von

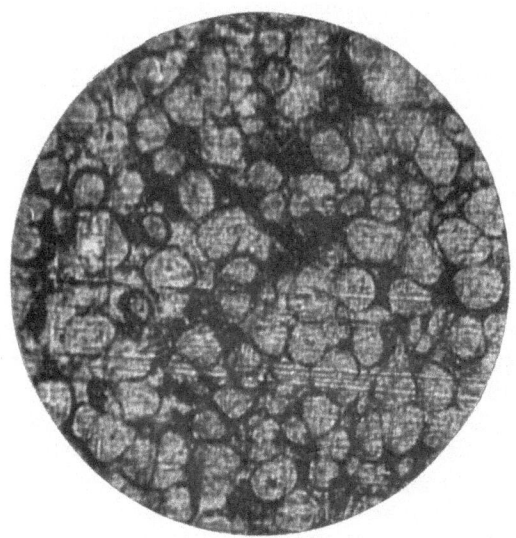

Abb. 18. Verbranntes Lurgilagermetall. Geätzt durch Anlaufenlassen an der Luft. Lineare Vergr. = 150.

gleich schädlichem Einfluß, wie bei Rotguß, Zinnweißmetall und Einheitsmetall. Kompakte Stücke, wie verlorene Köpfe, Lagerkörperteile, Steiger, Schrott und Metallreste von Schmelzen können, ohne die Legierung nennenswert zu beeinflussen, zu etwa 30% dem neu einzuschmelzenden Metall wieder zugesetzt werden, Drehspäne dagegen nur bis 10% und nur, wenn sie frisch gefallen sind. Die Schnittflächen müssen noch glänzend und metallisch rein sein. Späne, die den metallischen Glanz verloren haben, dürfen der Schmelze nicht mehr zugesetzt werden, sondern können nur als Altblei Verwendung finden.

d) **Art der Öfen.** Beim Einschmelzen von Lurgilagermetall verfährt man am besten so, daß man erst einen kleinen Block der Legierung unter einer etwa 5 cm dicken Decke von trockenem Holzkohlenpulver einsetzt und erst dann in den flüssigen „Sumpf" allmählich größere Blöcke einträgt, eine Maßnahme, die auch beim Einschmelzen der anderen Lagermetalle von Nutzen ist.

e) **Schädigung durch Fremdmetalle.** Ähnlich wie bei den bisher behandelten Lagermetallen üben auch Fremdmetalle auf Lurgilagermetall einen schädlichen Einfluß aus. Es ist daher sorgsam darauf zu achten, daß für das Einschmelzen von Lurgilagermetall völlig reine Tiegel verwendet werden. Metallreste von Zink oder anderen Lagermetallen, selbst von zinnhaltigem Weißmetall, verderben die Legierung fast ausnahmslos. Die meisten technischen Metalle, insbesondere Antimon, wirken stark entmischend (dekomponierend) auf die Legierung ein. Es ist daher unstatthaft, das Metall in irgendeiner Weise aufzulegieren. Alles dies führt nur zu sicheren Mißerfolgen.

Um der Überhitzung der Legierungen zu begegnen, ist es empfehlenswert, für das Schmelzen Öfen mit Generatorgasbeheizung zu verwenden, die wegen ihrer guten Regulierbarkeit und weniger heißen Flamme für diese Zwecke am besten geeignet sind.

In Abb. 19 und 20 ist ein Generatorofen mit Halbgasfeuerung wiedergegeben. Auf dem Rost des Generators (a) wird unter Zuhilfenahme von Anheizluft aus der Leitung (b) ein Holzfeuer entzündet und allmählich kleinstückiger Koks aufgefüllt. Für die Umstellung des Ofens auf Schmelzbetrieb wird die Primärluftleitung (c) durch einen Blechschieber geöffnet. Nunmehr findet eine Vergasung des zwischen dem Primärlufteintritt und dem gegenüberliegenden Kanal (d) befindlichen Brennstoffes statt. Die blau gefärbten Gasflammen werden an der Stelle (e) durch Zusatz von Sekundärluft, welche durch die Leitung (f) eintritt, verbrannt und umspülen zunächst im Tiegelraum (g) den Schmelztiegel (h). Dieser ist auswechselbar an der am Ofenmantel befestigten Tiegelhebe- und Kippvorrichtung (i) in den Tiegelraum hineingehängt. Nach Verlassen des Tiegelraumes treten die Heizgase durch den Kanal (k) in die Ausschmelzkammer (l). Diese hat den Zweck, abgenützte Lagerschalen ohne Aufwendung von neuem Brennstoff auszuschmelzen. Das dann auslaufende Weichmetall tropft in die unter dem Rost (m) liegenden Masselformen (n) ab. Von der Ausschmelzkammer treten die Heizgase in die Vorwärmkammer (o), die mit

Spezialgasofen für Lagermetalle. Göttinger Bauart.

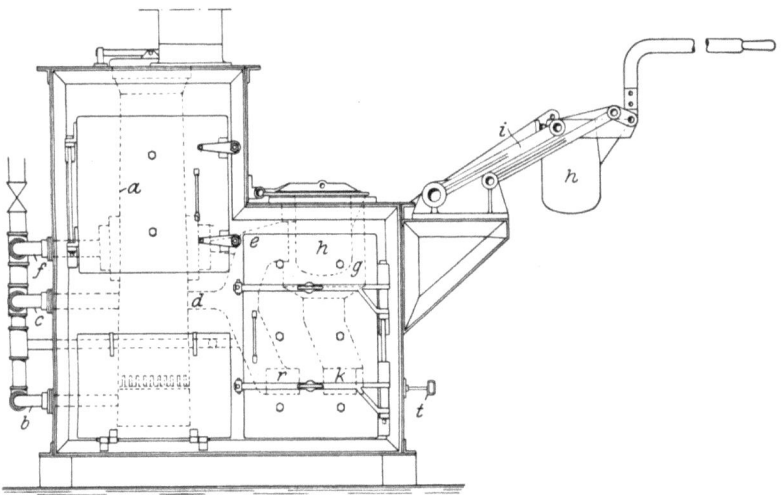

Abb. 19. Ofenansicht mit Generator-Halbgaserzeugung und Heizgasführung über den Tiegelraum zur Ausschmelzkammer.

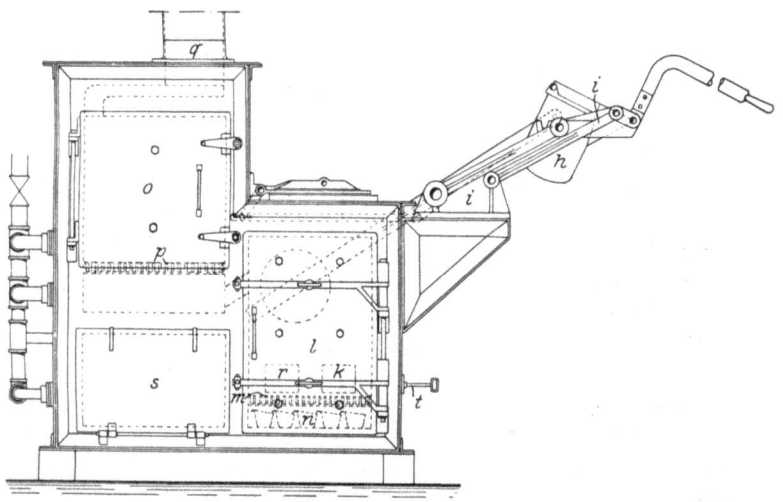

Abb. 20. Ofenansicht mit Heizgasführung von Ausschmelzkammer in die Vorwärmkammer zum Abzug.

einem Rost (p) ausgelegt ist, und von hier in den Abzug (q). Eine zweite Heizgasführung geht durch den Kanal (r) direkt in die Ausschmelzkammer und über die Vorwärmkammer zum Abzug. Die Umstellung mit dem Schieber (t) wird man vornehmen, wenn nur ausgeschmolzen werden soll, ohne im Tiegel Metall zu schmelzen. Die Werkzeugkammer (s) füllt den übrigen Raum des Ofens aus.

Diese Art Gasöfen sollte in Betrieben, die regelmäßig Lagermetalle verschmelzen, nicht fehlen. Stehen aber Generatoröfen nicht zur Verfügung, so wird das Metall, wie üblich, im Tiegel erhitzt, bis der letzte Rest eben verflüssigt ist. Die Feuerung wird alsdann abgestellt oder der Tiegel aus dem Ofen gehoben. Die überschüssige Tiegelwärme genügt dann in den meisten Fällen, um dem Metall die richtige Schmelztemperatur zu erteilen.

III. Gießtechnisches.

A. Vorbereitende Maßnahmen.

1. Gießformen. Gießtechnisch unterscheiden sich die vier Lagermetallarten nicht nennenswert. Sie sollen daher nicht, wie dies im vorangehenden Abschnitt geschehen ist, nacheinander, sondern gemeinsam behandelt werden.

Auf die Herstellung von Gießformen soll nicht näher eingegangen werden, da dies ein Sondergebiet der Technik ist, das über den Rahmen dieser Darstellung hinausgeht. Es sollen vielmehr nur einige allgemeine Gesichtspunkte gießtechnischer Art berücksichtigt werden.

a) **Gießen in eisernen Formen.** In den weitaus meisten Fällen erfolgt das Vergießen der Lagermetalle in Eisenformen, und zwar dient in der Regel die Lagerschale selbst — die auch als Träger für den Ausguß verwendet wird — als Gießform. Nur in wenigen Fällen werden besondere eiserne Dauerformen angefertigt, die für die Massenherstellung von Lagerschalen in Frage kommen. Bei dieser Ausführungsart finden auch eiserne Gußkerne Verwendung.

In einigen Betrieben pflegt man den Ausguß direkt in das eingebaute Lager unter Verwendung des Wellenzapfens als Kern vorzunehmen.

Von dieser Art des Vergießens ist aber entschieden abzuraten, da durch überhitzten Guß eine mechanische Veränderung der Welle auftreten kann; außerdem wird bei dieser Ausführungsart auf ein genügendes Spiel (Ölluft) zwischen Welle und Lagerschale keine Rücksicht genommen.

b) Gießen in Sandformen. Schwere Lager werden dagegen zumeist in Sandguß hergestellt. Die Formen müssen vollständig trocken verwendet werden, da nasse Formen leicht zu porigem Guß und Blasenbildung Veranlassung geben. Insbesondere ist diese Anforderung an den Kern zu stellen, da die sich etwa entwickelnden Gase durch ihn noch weniger als durch die äußeren Wandungen der Form entweichen können. Holz oder sonstige zu Gasentwicklung neigende Bestandteile dürfen daher nie als Kernmaterial Verwendung finden. Eisen verdient auch bei Sandguß als Kernmaterial bevorzugt zu werden.

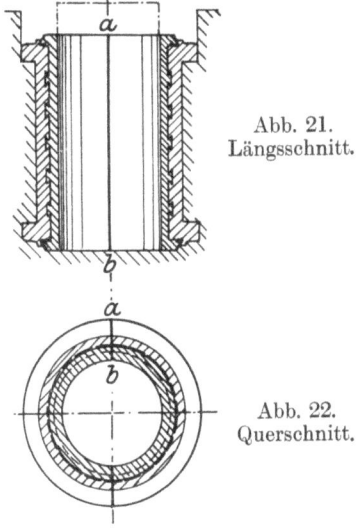

Abb. 21. Längsschnitt.

Abb. 22. Querschnitt.

Ausgegossenes Lager mit Teilungseinlage a und b.

2. **Teilungseinlagen.** Die meisten Lager werden unter Verwendung einer Teilungseinlage gegossen, um die beiden Lagerhälften nach dem Ausguß bequemer trennen zu können (siehe a, b in Abb. 21 und 22). Nur Lager von größeren Abmessungen werden derart hergestellt, daß jede Hälfte eine Gießform für sich bildet.

Bei längsgeteilten Lagern, die nicht von beiden Seiten zugleich ausgegossen werden können, sind die

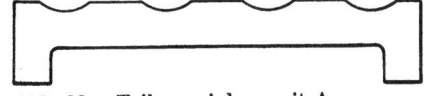

Abb. 23. Teilungseinlage mit Aussparung.

Teilungseinlagen genügend auszusparen (vgl. Abb. 23), um dem flüssigen Metall zu ermöglichen, in beiden Formhälften gleichmäßig zu steigen. Bei einfach geteilten Lagern kann der Ausguß auch in der Weise geschehen, daß das flüssige Metall so eingegossen wird, daß der Strahl durch die Teilungseinlagen in zwei Strahlenhälften geschieden wird und so die beiden Lagerhälften gleichzeitig ausfüllt.

3. Spezifisches Gewicht. Das für einen Lagerkörper zum Ausguß nötige Metallquantum ergibt sich aus dem spezifischen Gewicht der Legierungen, das etwa wie folgt in Rechnung zu setzen ist:

Zahlentafel 2.

Lagermetall	Spez. Gewicht
Rotguß	8,8
Zinnweißmetall	7,2
Einheitsmetall	10,5
Lurgilagermetall	11,0

4. Schwindmaß. Von besonderer Bedeutung für ein Lagermetall ist sein Schwindmaß, und zwar insofern, als der Abguß nach dem Erkalten stets kleiner ist, als die Gießform, in der er erzeugt wurde. Die lineare Verkürzung wird in Prozenten ausgedrückt. In folgender Tabelle sind die Schwindmaße der vier Lagermetalle zusammengestellt:

Zahlentafel 3.

Metall	Schwindmaß %	
Rotguß	1,5 nach	Wüst
Zinnweißmetall	0,5—0,6 „	Heyn
Einheitsmetall	0,65 „	„
Lurgilagermetall	0,95 —	—

Lurgilagermetall hat ein Schwindmaß, das demnach etwas hinter dem der zinnreichen Weißmetalle und des Einheitsmetalles liegt, während es dem Rotguß in dieser Beziehung überlegen ist. Bei der Herstellung von Modellen ist diesem Umstand Rechnung zu tragen, da die Abgüsse sonst leicht zu klein ausfallen können.

5. Zugaben für verlorenen Kopf. Größere Lagerkörper sind möglichst mit einem verlorenen Kopf zu gießen, d. i. entsprechend länger, als das fertige Gußstück sein soll. Diese Maßnahme hat den Zweck, den Lunker in die Nähe der Eingußstelle zu verlegen, um diesen Teil (verlorenen Kopf) nach dem Ausguß durch Abschneiden (Abschopfen) beseitigen zu können. Die Lunkerbildung läßt sich auf diese Weise einfach und sicher bekämpfen.

Hinsichtlich der Materialzugabe für Bearbeitung herrscht in den meisten Betrieben große Metallverschwendung. Zugaben bis zu 50% der Wanddicke und darüber kommen häufig selbst bei kleinen Lagern vor. Für kleinere Lagerschalen genügen aber zumeist schon 1 bis 3 mm, bei größeren 5 bis 10 mm auf jeder Seite. Genauere Angaben unter Einschluß der Zugaben für den verlorenen Kopf sind aus der folgenden Tabelle zu entnehmen:

Zahlentafel 4.

Wandstärke mm	Lager-Durchmesser mm	Zugabe für Bearbeitung für jede Seite mm	Zugabe für verlorenen Kopf, Gewichtsprozente des Ausgusses
6 bis 8	< 50	1 bis 3	5
10 „ 12	100	3 „ 5	10
12 „ 18	200	5 „ 10	10 bis 20
> 20	> 300	10 „ 15	

6. Vorwärmen der Gießformen. Beim Vergießen von Lagermetallen ist es stets zweckmäßig, vorgewärmte Gießformen zu verwenden; es wird dadurch den schädlichen Begleiterscheinungen des Schwindens und dem Loslösen des Lagermetalles von der Schale und der Rißbildung wirksam begegnet. Die Vorwärmtemperatur liegt für die vier Lagermetallarten bei etwa 200°. Das Vorwärmen kann am besten unter Benutzung von Abgasen aus Tiegel-, Gas- oder anderen Öfen erfolgen. Bequemer sind Generatoröfen mit Vorwärmekammern, wie sie auf S. 18 beschrieben sind. Die Temperatur der vorgewärmten Schalen läßt sich am einfachsten durch Reiben der Metallform mit einem Stäbchen Lötzinn kontrollieren, das, ähnlich wie am Lötkolben, spärlich Tropfen ansetzen soll. Auch der Kern soll die gleiche Temperatur aufweisen.

7. Steigender und anderer Guß. a) Steigender und falder Guß. Steigender Guß ist dem fallenden Guß bei größeren Lagern stets vorzuziehen, da dieser den Nachteil hat, daß Fremdkörper und Blasen von dem fallenden Strahl mitgerissen und beim Erstarren zurückgehalten werden. Abb. 24 und 25 stellen schematisch Formen für die beiden Gießarten dar; a und b sind die oberen und unteren Formrahmen, in denen der Formsand c eingestampft ist, d die Eingußstelle. Sie unterscheiden sich dadurch, daß bei der einen Form (Abb. 24) der Einguß direkt von oben in die Form mündet, während bei der anderen Form (Abb. 25) der Einguß sich seitlich dem tiefsten Punkt der Form anschließt.

b) Stehender und liegender Guß. Überall, wo irgend angängig, ist der stehende Formguß dem liegenden vorzuziehen, da er ein poren- und blasenfreies Material liefert und Seigerungs- und Lunkerbildung vermindert.

8. Gießtemperatur und Gießbarkeit. In der Regel wird in der Praxis ein Unterschied zwischen Gieß- und Schmelztemperatur nicht gemacht. Die Unterscheidung ist indes von Bedeutung, wenn einer Schädigung des Gusses durch Überhitzen und

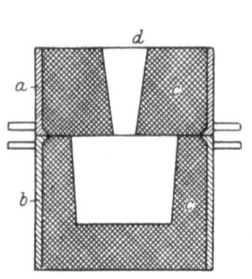 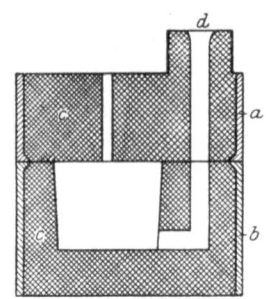

Abb. 24. Sandform für fallenden Guß.   Abb. 25. Sandform für steigenden Guß.

Verbrennen vorgebeugt werden soll. Die Schmelztemperatur soll stets tiefer als die Gießtemperatur liegen und so niedrig wie irgend möglich bemessen sein, um jegliche schädlichen Oxydationseinflüsse auszuschließen. Erst unmittelbar vor dem Vergießen ist die Temperatur der Schmelze auf die Temperatur (Gießtemperatur) zu erhöhen, die dem Metall den besten Grad der Dünnflüssigkeit verleiht. In nachstehender Tabelle sind die günstigsten Schmelz- und Gießtemperaturen für die vier Lagermetallarten zusammengestellt:

Zahlentafel 5.

Metall	Schmelz-temperatur °	Gieß-temperatur °
Rotguß	1000—800	1100—1150
Zinnweißmetall	360—240	400
Einheitsmetall	260—240	400
Lurgilagermetall	320	425—475

Werden diese Temperaturen überschritten, so läuft man leicht Gefahr, das Metall zu überhitzen oder zu verbrennen. Dabei büßen die ersten beiden Metalle durch Aufnahme von Zinnsäure ihre leichte Gießbarkeit ein, während die beiden anderen durch Ausbrand schädlich beeinflußt werden. Dies kann in so hohem Maße geschehen, daß die Metalle durch Desoxydationsmittel und durch Auflegieren nicht mehr in brauchbaren Zustand übergeführt werden können, sondern einer hüttenmännischen Raffination unterzogen werden müssen. Erreicht man dagegen die günstigste Gießtemperatur nicht, so bleiben die Metalle dickflüssig und füllen die Formen nicht vollständig aus.

In bezug auf die Gießbarkeit unterscheiden sich die vier Lagermetalle nicht nennenswert. Rotguß ist weniger dünnflüssig als das Zinnweißmetall und Einheitsmetall, während Lurgilagermetall in bezug auf Gießbarkeit diese noch übertrifft.

B. Gießen und Nachbehandlung.

1. Das Gießen. Im allgemeinen ist es nicht empfehlenswert, sofern nicht geeignete Vorrichtungen vorhanden sind, das Ausgießen der Formen vom Schmelzkessel aus vorzunehmen, da das Metallbad vor dem Gießen von der Schutzdecke befreit werden muß und dadurch leicht durch Oxydation leiden kann. Es ist daher zweckmäßig, für das Ausgießen der Formen Zwischentiegel oder Schöpflöffel von entsprechender Größe zu verwenden. Man vermeide, mehr Metall aus dem Kessel zu entnehmen, als für den jeweiligen Ausguß gerade erforderlich ist. Beim Vergießen ist darauf zu achten, daß der Zwischentiegel oder der Schöpflöffel vorher genügend angewärmt wird, um eine schädliche Abkühlung zu verhindern.

Nach kräftigem Umrühren mit einem Eisenstab wird unmittelbar vor dem Vergießen die Schutzschicht von der Badoberfläche durch Abstreifen mit einem Holzscheit oder dergleichen entfernt, die letzten Reste am besten durch Handgebläse. Insbesondere ist dies bei Lurgilagermetall nötig. Bleiben Schaum- und Schlackenreste (Schlicker) auf der Badoberfläche zurück, so können sie beim Gießen leicht in die Form geraten und dann im fertigen Gußstück zurückbleiben, und infolge ihres stark basischen Charakters zu eigenartigen Zersetzungserscheinungen (Ausblühungen an der Oberfläche der Gußstücke) Anlaß geben. Nur Rotguß ist stets direkt aus dem Schmelztiegel zu vergießen; zum Durchrühren sind nicht Eisen-, sondern Kohle- oder Graphitstäbe zu verwenden.

Das Gießen hat in einem dicken, ununterbrochenen Strahl zu erfolgen, um die gefährliche Ausbildung von „Kaltschweißstellen" zu vermeiden. Wird der Gießvorgang unterbrochen, so kann es leicht vorkommen, daß das Metall bereits erstarrt, ehe das Gießen fortgesetzt werden kann. Es entsteht auf diese Weise an den Stellen, an denen sich das flüssige und feste Metall berühren, keine feste Verbindung mehr. Im Betrieb kommt es dann nicht selten vor, daß sich das Material an diesen Stellen völlig loslöst. Nachgießen ist bei kleinem verlorenen Kopf allenfalls zu empfehlen.

Es ist zweckmäßig, den verlorenen Kopf oder den oberen Teil des Ausgusses vor dem Festwerden noch zusätzlich zu erwärmen (beispielsweise mit Lötlampen, glühenden Beilagen und dergleichen), damit das Metall möglichst von unten nach oben erstarrt und auf diese Weise poren- und blasenfrei bleibt. Vielfach ist es von Nutzen, das Aufsteigen der Blasen mechanisch zu fördern. Dies geschieht durch „Stochern", oder, wie man sich auch in der Praxis auszudrücken pflegt, durch „Pumpen" mit einem dünnen Eisendraht. Die an der Formwandung haftenden Blasen werden auf diese Weise abgestreift und sammeln sich im verlorenen Kopf an.

2. Erstarrungszeit als Wertmesser für die Gußqualität. Die Zeit vom Ausguß bis zum vollständigen Festwerden des Metalles, die als Erstarrungszeit zu bezeichnen ist, ist geeignet, über die Angemessenheit der Wärmeverhältnisse (Temperierung) von Guß und Gußformen Aufschluß zu geben. Zahlenangaben lassen sich indes für diesen Faktor nicht machen, da er von den Abmessungen der Gußformen, des jeweiligen Gußteiles, sowie von der Zusammensetzung und Temperatur der Legierung abhängig ist. Hat man aber für ein bestimmtes Metall und eine bestimmte Lagertype einmal die günstigste Erstarrungszeit ermittelt, so hat man damit ein Wertmaß für die Gleichmäßigkeit des Ausgusses an der Hand. Dies hängt damit zusammen, daß der Wärmeinhalt des geschmolzenen Metalles eine verschiedene Erstarrungsgeschwindigkeit bedingt und so den Kristallisationsverlauf wesentlich beeinflußt. Die Erstarrungszeit ist aber geeignet, über die zweckmäßige thermische Behandlung des Ausgusses Aufschluß zu geben. Richtige thermische Behandlung ist aber bedingungslose Voraussetzung für gutes Haften und für die sonstigen mechanischen Eigenschaften der Lagermetalle.

In bestimmten Grenzen kann die Erstarrungszeit auch noch künstlich beeinflußt und sogar abgekürzt werden, indem die Gießform von außen oder bei Verwendung eines metallischen Hohlkernes dieser von innen durch einen Wasserstrahl rascher abgekühlt wird. Bei Sandguß kann von diesen Maßnahmen nur bei

Verwendung eines Hohlkernes Gebrauch gemacht werden. Wärmezuführung ist natürlich von gegenteiliger Wirkung; sie verlängert die Erstarrungszeit.

3. Rissebildung beim Erstarren und Abkühlen. Häufig kann nach dem Ausguß Rissebildung in der Schale beobachtet werden. Dies ist darauf zurückzuführen, daß der Ausguß durch Abkühlung am Zusammenziehen durch vorspringende Kanten des Gußstückes oder durch Oberflächenreibung gehindert wird. Ist diese Zusammenziehung gering, so treten nur Spannungen elastischer Art auf, denen keine besondere Bedeutung zukommt. Sind sie dagegen so erheblich, daß bleibende Formänderungen auftreten, so können sie, indem die Plastizität erschöpft wird, zur Rissebildung führen. Solche Spannungen werden als Wärmespannungen bezeichnet, weil sie unter dem Einfluß der Wärme zustande kommen. Diese Erscheinungen treten natürlich in um so stärkerem Maße auf, je größer die freien Flächen sind, die am Zusammenziehen gehindert werden. Dies trifft hauptsächlich für die Längsachse der Schale zu. Bei Schalen von erheblichen Längsabmessungen können auf diese Weise leicht Querrisse entstehen, die sich unter Umständen auf die ganze Mantelfläche erstrecken können.

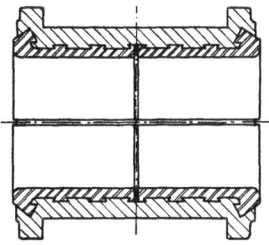

Abb. 26. Quer unterteilte Lagerschale.

Man kann diesen Übelstand in der Weise bekämpfen, daß man den Ausgußkörper durch eine Quereinlage derart unterteilt (vgl. Abb. 26), daß er axial in gleiche Hälften zerfällt. Die beiden Gußteile ziehen sich bei der Abkühlung unabhängig voneinander zusammen und vermindern dadurch die Gefahr der Rissebildung.

4. Haftbarkeit und Maßnahmen zu ihrer Erhöhung. a) Allgemeines. Vielfach ist auch die Haftbarkeit von Lagermetall und Schale nach dem Ausguß ungenügend. Es sei daher geraten, bei den Metallen mit größerem Schwindmaß alle Maßnahmen, die den festen Sitz der Legierung erhöhen und die auch bei den zinnreichen Weißmetallen seither Verwendung fanden, auch bei diesen Legierungen zu beachten. Insbesondere sei auf peinliche Sauberkeit der Schalenflächen, mit denen das flüssige Metall in Berührung kommt, hingewiesen. Die innere Schalenfläche muß am besten metallisch rein sein; sie ist vor dem Ausguß von Sand- und

Schmutzschichten zu befreien, auch vorheriges Verzinnen oder Verbleien wird in vielen Fällen nützlich sein. In erster Linie beziehen sich diese Maßnahmen aber auf das richtige Vorwärmen der Gießformen. Das Wärmeaufnahmevermögen der kalten eisernen Gießformen ist oft so erheblich, daß während der gesamten Erstarrungszeit Wärme aus dem Ausguß aufgesaugt wird und die Form selbst durch Ausdehnung immer größer wird, während der Ausguß nach erfolgtem Erstarren im Gegensatz dazu sich zusammenzieht. Dadurch kann die Bewegung der Massenteilchen von Form und Ausguß derart beeinflußt werden, daß sie während des ganzen Erstarrungsvorganges im gegenläufigen Sinne erfolgt. Diese Erscheinung tritt um so mehr auf, je größer das Schwindmaß des betreffenden Metalles ist. Anders ist es, wenn man vorgewärmte Formen verwendet. Man erreicht dadurch von vornherein eine gleichsinnige Zusammenziehung von Form und Gußstück. Dadurch werden zu starke Relativbewegungen zwischen den Massenteilchen der Form und des Ausgusses am günstigsten vermieden, was natürlich eine Erhöhung der Haftbarkeit zur Folge hat.

Um die Haftfähigkeit von Lagermetall und Schale zu erhöhen, sind bei den Bleilagermetallen viel umfassendere Maßnahmen, als bei allen anderen Metallen zu treffen. Insbesondere wird von mechanischen Hilfsmitteln, wie Anwendung zahlreicher, sauber ausgearbeiteter Schwalbenschwanznuten, Aussparungen, nach unten konisch erweiterten Bohrlöchern, Skeletten, ausgiebiger — wenn auch nicht immer richtiger — Gebrauch gemacht.

b) **Schwalbenschwanznuten.** Oft werden die Schwalbenschwanznuten zu breit und in unzureichender Zahl vorgesehen. Dies ist insofern von Nachteil, als das Spiel zwischen Ausguß und den Seiten der Schwalbenschwanznuten um so größer wird, je breiter diese bemessen werden. Ein klangfester Sitz wird auf diese Weise nicht gewährleistet. Andererseits dürfen aber die Schwalbenschwanznuten nicht zu schmal bemessen werden, da durch das Schwinden Zugspannungen entstehen können, die unter Umständen ein Abreißen zu schwacher Schwalbenschwänze zur Folge haben. Die Schwalbenschwanznuten sollen nicht nur axial, sondern auch quer angeordnet sein. Zweckmäßig ist es, die Nuten einzuhobeln, damit sie sauber bearbeitet und gut unterschnitten werden können. Die betriebsmäßig günstigen Abmessungen sind folgender Tabelle zugrunde gelegt:

Gießen und Nachbehandlung. 29

Zahlentafel 6.

Lager-durchmesser mm	Empfehlenswerte Breite für Schwalbenschwanznuten in mm	Empfehlenswerter Abstand der Schwalbenschwanznuten in mm
200	15 bis 20	10—20
500	30	20—30
1000	50	30—50

c) **Konische Bohrlöcher.** Aus der Tabelle kann auch unschwer abgeleitet werden, in welchem Umfang Aussparungen und Bohrlöcher (Abb. 27 und 28) anzuwenden sind, um ein zuver-

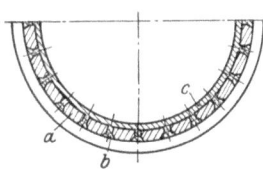 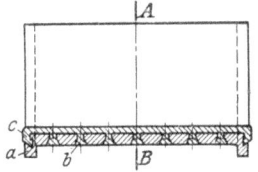

Abb. 27. Querschnitt.   Abb. 28. Längsschnitt.
Lager mit konischen Bohrlöchern.

lässiges Haften des Ausgusses zu erzielen. Sie sollen, wenn nicht dichter, so doch mindestens an den Schnittpunkten angeordnet werden, die sich bei Verwendung von Quer- und Längsnuten ergeben würden. Daraus erhellt, daß eine Erhöhung der Haftbarkeit durch diese Anordnung nicht in dem Maße zu erwarten ist, wie bei der ersten Ausführungsart. Es ist daher zu empfehlen, eher die Zahl der Bohrlöcher zu vermehren als zu verringern. In Abb. 27 und 28 ist ein Lager mit Bohrlöchern wiedergegeben; a ist die Lagerschale mit den Bohrlöchern b, c ist der Ausguß.

d) **Skelette.** Zur Erhöhung der Haftbarkeit werden auch sogenannte Skelette (Abb. 29, a) verwendet. Sie bestehen zumeist aus Eisenblechen von etwa 2 bis 5 mm Dicke, die in Abständen von etwa 10 bis 50 mm mit

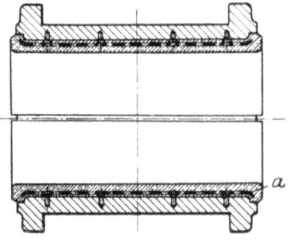

Abb. 29. Ausguß mit Skeletteinlage.

Löchern von etwa 10 bis 20 mm Durchmesser versehen sind. Die Einlagen sind vor dem Einguß in die Lagerschalen mit Schrauben kräftig zu befestigen, derart, daß zwischen Lagerschalen und

Skeletteinlage noch ein Zwischenraum von mehreren Millimetern freibleibt. Dies wird dadurch erreicht, daß man an den Stellen, an denen die Skelette mit Schrauben in der Schale befestigt werden, entsprechende Unterlagsscheiben einsetzt. Es ist darauf zu achten, daß abgenützte Lager rechtzeitig ausgewechselt werden, damit die Welle durch die Skeletteinlage nicht beschädigt wird.

5. Zusammenfassendes. Wenn auch prinzipielle Unterschiede gießtechnischer Art zwischen den vier Lagermetallarten nicht bestehen, so weisen sie doch diese oder jene Eigentümlichkeit auf, der man gerecht werden muß, um zu einwandfreien Ergebnissen zu gelangen. In allererster Linie ist die richtige Wärmebehandlung als bedingungslose Voraussetzung für das einwandfreie Arbeiten der Lagermetalle anzusehen. Das Lurgilagermetall steht in dieser Hinsicht den früher verwendeten Metallen kaum in irgendeiner Weise nach, so daß es sich auch für den Ausguß von Lagerschalen größter Abmessung bewährt.

IV. Werktechnische Prüfung und Bearbeitung.

A. Werktechnische Prüfung.

1. Klangfester Sitz. Die Prüfung der Lagerkörper in der Werkstatt ist zunächst auf klangfesten Sitz zu erstrecken. Sie geschieht am einfachsten durch Abklopfen der inneren Fläche des Ausgusses mit einem kleinen Hammer. Werden auf diese Weise dumpf klingende Stellen, die auf verborgene Hohlräume zwischen Schale und Ausguß hinweisen, vorgefunden, so muß auf unsachgemäße Arbeitsweise (falsche Gieß- oder Vorwärmtemperatur, schmutzige Oberfläche und dergl.) geschlossen werden. Auf jeden Fall sind solche Lager als Fehlguß anzusehen. Es bleibt indes dem sachverständigen Betriebsingenieur überlassen, über die Verwendbarkeit solcher fehlerhafter Lagerkörper von Fall zu Fall zu entscheiden.

2. Härteprüfung. Wichtiger noch als die Kontrolle des klangfesten Sitzes ist die Prüfung einiger weiterer Eigenschaften. Wie jeder Ingenieur die äußeren Merkmale eines Werkstückes mit Hilfe geeigneter Werkzeuge, Lehren und anderer Vorrichtungen kontrolliert, ebenso sollten in jedem geregelten Betriebe Vorrichtungen vorhanden sein, die die Bestimmung der den Metallen innewohnenden verborgenen Eigenschaften leicht und sicher gestatten. Mindestens sollte dies aber hinsichtlich der Härteprüfung der Fall sein. Alle Sorgfalt, die man nämlich für die Herstellung eines Lagers verwendet, kann sich als völlig nutzlos erweisen, wenn versäumt wird, diesen für die Brauchbarkeit eines Lagermetalles äußerst wichtigen Faktor zu beachten, der über die innere Beschaffenheit des Metalles Aufschluß gibt. Die rohen Härteprüfungsmethoden, wie sie heute in den Betrieben üblich sind, beispielsweise Erzeugung von Vertiefungen mit der Hammerfinne oder Anschneiden der Kanten der Probe mit einem Messer, sollten endlich in Betrieben, die Wert darauf legen, sich keinen Selbsttäuschungen hinzugeben, Vorrichtungen Platz machen, die auf Zuverlässigkeit Anspruch erheben können.

Zwei Verfahren sind es, die für diese Zwecke in die Praxis hauptsächlich Eingang gefunden haben: das Kugeldruck- und das Skleroskopverfahren. Das Skleroskopverfahren ist für die Prüfung von Lagermetallen weniger geeignet und kann an dieser Stelle übergangen werden. Das Kugeldruckverfahren besteht im Prinzip darin, daß man mit einer gehärteten Stahlkugel unter bestimmter Belastung auf der ebenen Metallfläche

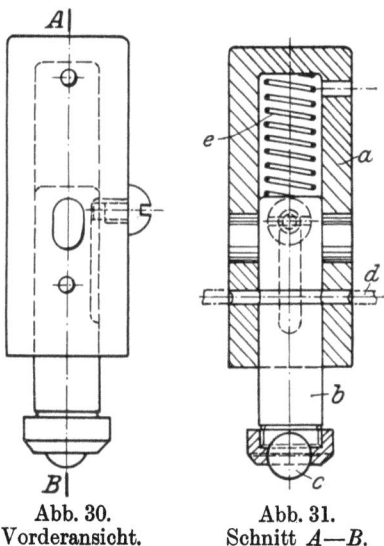

Abb. 30.
Vorderansicht.

Abb. 31.
Schnitt $A-B$.

Scherhärteprüfer.

einen Eindruck erzeugt. Die Prüflast in kg dividiert durch die Projektionsfläche des Eindruckes in qmm gibt die „Brinell-Meyer-Härte" in kg/qmm. Betreffs näherer Einzelheiten sei auf Kapitel „Prüfungstechnisches" verwiesen.

So sinnreich auch die für diese Zwecke gebräuchlichen Prüfapparate sind, so fehlte leider noch immer eine Vorrichtung, die einfach genug ist, um dieser rein technischen, nichtsdestoweniger aber technologisch bedeutsamen Prüfung die wünschenswerte Verbreitung in Betrieb und Werkstätte zu sichern.

Eine Vorrichtung hingegen, die den dringendsten Betriebsbedürfnissen gerecht wird, ist der neue Scher-Härteprüfapparat[1].

---

[1] Bauart: Metallbank und Metallurgische Gesellschaft A.-G. Frankfurt a. M.

In Abb. 30 ist die Ansicht, in Abb. 31 der Schnitt des Apparates dargestellt. Dieser besteht aus einem Gehäuse a und dem Stempel b, der vorn die Kugel c trägt. Durch den Stempel b und das Gehäuse a wird ein Drahtstift d durchgeführt, der bei Belastung des Apparates abgeschert wird. Die Feder e bringt den Stempel immer wieder in die ursprüngliche Lage zurück.

Die Arbeitsweise ist die folgende: Der Apparat a wird zusammen mit der zu prüfenden Probe b gemäß Abb. 32 in einen Schraubstock c eingespannt und auf diese Weise ein Kugeleindruck erzeugt. Bei Belastung des Probestückes wird die Kugel des Stempels b (Abb. 30 und 31) in den Probekörper eingedrückt.

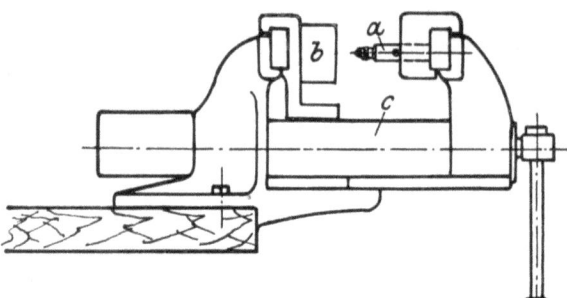

Abb. 32. Versuchsanordnung für den Scherhärteprüfer.

Durch den Gegendruck wird der Drahtstift d abgeschert. Die Kraft, die zum Abscheren des Drahtstiftes erforderlich ist, entspricht der Prüflast, die auf den Probekörper einwirkt. Diese Last in kg, dividiert durch die Projektionsfläche des Kugeleindruckes in qmm ergibt die Brinell-Meyer-Härte des Materials in kg/qmm.

Die werktechnische Prüfung erfolgt bei kleinen Lagerschalen entweder am Lagerkörper selbst, und zwar tunlichst an der Innenseite der Schale oder aber an einer unter den gleichen Bedingungen erhaltenen kleinen Kontrollgußprobe.

Der Apparat bietet gegenüber den bestehenden Maschinen dieser Art den Vorteil der Handlichkeit und Einfachheit; er ist ausschließlich für Werkstatt und Betrieb bestimmt.

B. Bearbeitung.

1. Drehbarkeit. Nachdem der Ausguß auf seine Brauchbarkeit geprüft und für die Weiterbearbeitung als geeignet befunden worden ist, werden die Schalen bearbeitet. Je nach der Art der Lagerkonstruktion geschieht dies in Spezialvorrichtungen oder unter Verwendung von normalen Einspannvorrichtungen auf der

Bohrmaschine oder der Drehbank. Bei kleinen geschlossenen Lagerbüchsen bietet das Ausbohren keine Schwierigkeiten. Nicht so leicht ist jedoch die Bearbeitung geteilter Lagerschalen. Unter Verwendung geeigneter Vorrichtungen kann der Schwierigkeit jedoch leicht begegnet werden.

Bei der Herstellung einzelner Schalen wird die Teilungsebene jeder Hälfte $a-a$ Abb. 33 bearbeitet. Alsdann werden die beiden Hälften zusammengelegt und verlötet, so daß sie wie eine geschlossene Lagerbüchse behandelt werden können. Das Verlöten ist aber bei Massenherstellung nicht anwendbar, weil es zu zeitraubend, umständlich und kostspielig ist. Will man es umgehen, so werden die beiden

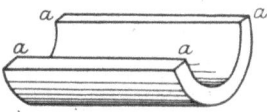

Abb. 33. Schalenhälfte mit Bearbeitungsflächen $a-a$.

Hälften der Lagerschale mit den bearbeiteten Flächen $a-a$ Abb. 34 auf einen annähernd passenden Dorn b geschoben und mit einer Spannklemme c festgehalten. Hierauf werden die beiden Stirnflächen sowie die Außenseite der Schale bearbeitet. Das weitere Ausbohren geschieht in einem besonderen Futter nach Abb. 35, in das die Schale $a-a$ eingespannt wird.

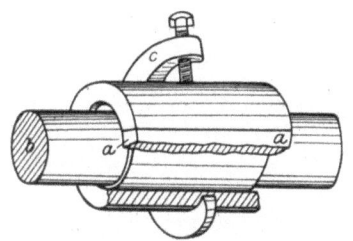
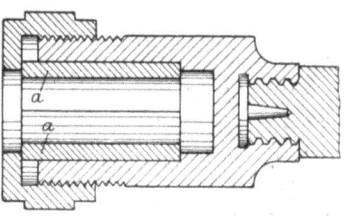

Abb. 34. Einspannvorrichtung für geteilte Schalen.

Abb. 35. Ausbohrfutter für geteilte Schalen.

Will man bei der Bearbeitung der Außenseite zweiteiliger Lager diese nicht umspannen, was in vielen Fällen unzweckmäßig ist, so kann die Aufspannung nach Abb. 36 erfolgen, indem die beiden Schalenhälften $a-a$ an den Dorn b mittels der Spitzschrauben c an den Stirnflächen gefaßt, und so die äußere Mantelfläche zur Bearbeitung vollkommen frei zugänglich wird.

Große zwei- oder mehrteilige schwere Lager werden unter Benutzung besonderer Einspannvorrichtungen gewöhnlich auf Karusselldrehbänken ausgebohrt.

Bei der Bearbeitung der Lagerschalen muß besondere Sorgfalt auf die Abmessung des lichten Durchmessers verwendet werden. Es kommt nicht nur auf eine äußerst sauber gedrehte Lauffläche an, sondern es müssen vor allen Dingen die vorgeschriebenen Toleranzen für die Bohrung eingehalten werden. Zum Messen werden Lehren verwendet. Es soll zwischen Welle und Schale bei allen Lagern ein genügender Spielraum für den Ölumlauf bestehen. Dieses Spiel, die sogenannte „Ölluft", beträgt bei kleinen Lagern nur einige Hundertstel Millimeter und ist auf den Lauf eines Lagers von großem Einfluß (siehe unter „Ölluft").

2. **Schmiernuten.** Die Schmiernuten werden gewöhnlich zuletzt durch Spezialmaschinen in die Lauffläche der Lagerschalen eingearbeitet. Bei Ölringschmierung werden die Nuten a vielfach

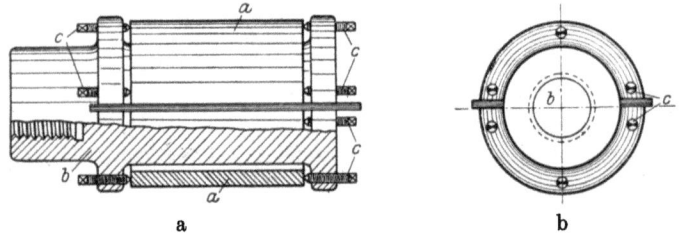

Abb. 36. Spitzschraubenfutter für die Bearbeitung geteilter Schalen an der äußeren Schalenwand[1]).

diagonal nach Abb. 37, Vertikalschnitt, und Abb. 38, Horizontalschnitt, mit einem Ölabfluß b in der Mitte der Schale angeordnet; c ist eine Abstreifnute, d die Ölzufuhr, e eine Aussparung für den Ölring.

In Schalen, die für Preßschmierung bestimmt sind, werden die Schmiernuten für gewöhnlich im tiefsten Punkt der Schale angeordnet. Neuere Versuche haben ergeben, daß die Schmiernuten nicht von so ausschlaggebender Bedeutung für den Betrieb eines Lagers sind, als bisher angenommen wurde, so daß es sich in vielen Fällen sogar als zweckmäßig erweisen dürfte, Lagerschalen ohne Schmiernuten auszubilden. (Näheres siehe unter „Schmiernuten".)

3. **Fehler nach der Bearbeitung.** Die weitere werktechnische Prüfung ist zu erstrecken auf Fehler, die nach der Bearbeitung der Schale sichtbar werden. Als solche sind zu nennen:

---

[1]) Abbildung 33—36 entstammen aus Usher-Elfes.

Poren, Blasen, Tippel- und Lunkerbildung. Alle diese Erscheinungen können durch Gießfehler sowie durch Verwendung unsauberer Materialien und Schmelztiegel hervorgerufen werden. Entgegen der herrschenden Ansicht sind diese Fehler, wenn sie in mäßigem Umfange auftreten, auf die Brauchbarkeit eines Lagers fast ohne Einfluß.

Übersteigen sie aber ein gewisses Maß, so können sie leicht zu Störungen Anlaß geben, indem die Lager in unverhältnismäßig kurzer Zeit abgenutzt werden oder im Betriebe warm laufen. Es kann ferner eine erhöhte Abnützung dadurch eintreten, daß Fremdkörper aus dem Metall in die Ölschicht eindringen und so als Schleifmittel wirken. Diese Erscheinung ist technisch unter der Bezeichnung „Mahlen" bekannt und kann zur Zerstörung von Lagern schon nach einer Betriebszeit von einigen Tagen führen. Alle diese Fehler können aber durch sorgfältige Behandlung beim Schmelzen und Vergießen, sowie durch staubsichere Dichtung vermieden werden.

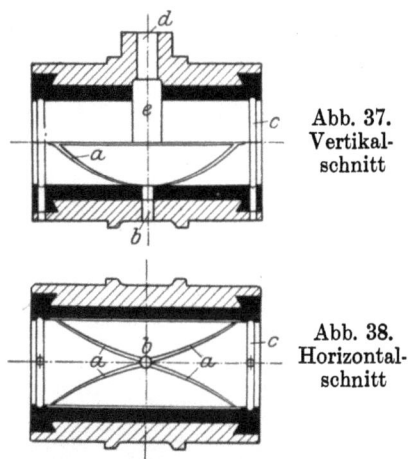

Abb. 37. Vertikalschnitt

Abb. 38. Horizontalschnitt

Lagerschalen mit Schmiernuten üblicher Anordnung.

V. Prüfungstechnisches.
A. Maschinentechnische Prüfung.

1. Bedeutung und Stand der Prüfung. Für die Bewertung von Lagermetallen ist es von außerordentlich großer Bedeutung, Vorrichtungen zu besitzen, die eine Prüfung der Lager vor ihrem endgültigen Einbau gestatten. Bis jetzt war es meist üblich, die Lager in Betrieb zu nehmen, ohne über ihre Brauchbarkeit irgendwelchen Anhalt zu haben. Man lief dadurch Gefahr, kostspielige Maschinen zu gefährden, und war Wellenbrüchen und anderen Betriebsstörungen ausgesetzt. Der Betriebsingenieur ließ sich hinsichtlich der Wahl eines Lagermetalles lediglich von der

Erfahrung leiten; vielfach spielte dabei Voreingenommenheit und Tradition zum Nachteil der Betriebe eine ausschlaggebende Rolle.

In der letzten Zeit setzten aber vielseitige Bestrebungen ein, die rein gefühlsmäßige Begutachtung von Lagermetallen durch objektive, vom Zufall und Gefühl unabhängige Prüfungsmethoden zu ersetzen. Das unaufhaltsame Vorwärtsdrängen der Technik, insbesondere in den letzten Jahren, hat zu einer raschen Entwicklung dieser Zweige der Prüfungstechnik besonders beigetragen. Die Bestrebungen hatten zur Aufgabe, die Prüfung unter Berücksichtigung der bedeutsamsten betriebstechnischen Faktoren, aber unabhängig vom Betriebe, durchzuführen. Sie führten schließlich über allerlei Prüfvorrichtungen, die mehr oder weniger unvollkommen dem Zweck genügten, zur Benützung von gesonderten Prüfständen, wie sie, wenn auch für andere Zwecke, seit längerer Zeit in der Automobil- und Flugzeugindustrie in ausgiebigstem Maße verwendet werden. Solche Prüfstände lehnen sich den Betriebsverhältnissen am meisten an und können zurzeit als die vollkommensten Prüfanlagen für Lager bezeichnet werden. Bevor auf die Beschreibung dieser Vorrichtungen näher eingegangen wird, seien aber noch die wichtigsten, bis dahin gebräuchlichen Prüfverfahren kurz beschrieben:

2. Die verschiedenen Verfahren. a) Reibungsverfahren. Eine der ältesten Lagerprüfmaschinen, die auf dem Reibungsprinzip beruht, dürfte die nach Martens sein. Sie besteht nach Abb. 39 und 40 aus einem Versuchszapfen a, auf den zwei Lagersegmente $b\ c$ (Abb. 40) radial angedrückt werden. Diese Segmente sitzen in einem Gehäuse d, das unten ein Pendel e mit Gegengewicht $f\ f'$ (Abb. 39) trägt. Unter Verwendung eines Schmiermittels wird unter gleichmäßigem Andrücken der zwei Schalenhälften auf den sich drehenden Zapfen das Pendel je nach Geschwindigkeit und Flächendruck einen bestimmten Ausschlag geben. Die Temperatur wird in den Lagersegmenten mittels Thermometer h, die Drucke durch entsprechende Übertragung mittels Membrane und Manometer k gemessen. Die Maschine gestattet nur die Anwendung sehr geringer Zapfendrucke und geringer Gleitgeschwindigkeiten. Sie ist mehr für die Prüfung von Schmiermitteln als für Metalle geeignet.

Eine andere Maschine, die auf ähnlichen Grundsätzen beruht, ist die Reibungsmaschine der Firma Mohr & Federhaff, Mannheim (Abb. 41). Sie besteht im wesentlichen nach Abb. 42, die eine

Maschine mit etwas anderem Aufbau zeigt, aus der Versuchswelle a, die zwischen zwei Kugellagern $b\ b'$ gelagert ist und von dem Motor c

Abb. 39. Lager- und Ölprüfmaschine nach Martens.
Bauart: Deutsche Waffen- und Munitionsfabrik, Karlsruhe.

mittels ausrückbarer Kupplung d angetrieben wird. Das Versuchslager e kann durch Öl, das unter hoher Pressung steht, an die Welle gedrückt werden. Die Scheibe f dient dazu, die Schwungmasse der Maschine zu vermehren, um bei Auslaufversuchen, auf die es bei der Feststellung von Reibungsziffern in erster Linie ankommt, über längere Auslaufdauer zu verfügen. Das Versuchslager besitzt ziemlich große Abmessungen. Es können mit dieser Vorrichtung höhere Lagerdrucke erzielt werden, als bei der Maschine nach Martens, die aber trotzdem für die heutigen Betriebsbedingungen in keiner Weise mehr ausreichen.

b) **Abnutzungsverfahren.** Von dem Gedanken ausgehend, die Lagerprüfung unter Verringerung der Prüfungsdauer durchzuführen und dadurch zu vereinfachen, ist in der letzten Zeit auch versucht worden, die Prüfung der Lagermetalle durch das sogenannte Abnutzungsverfahren zu ersetzen. Es sind zu diesem Zwecke verschiedene sinnreiche Vorrichtungen angewendet worden. Sie beruhen im wesentlichen darauf, daß von dem Metall, das geprüft werden soll, kleine Körper der Schleifwirkung von rotierenden Scheiben aus gehärtetem Stahl ausgesetzt und auf Abnutzung durch Gewichtskontrolle geprüft werden. Die Prüfung wird unter verschiedenen Prüflasten und Gleitgeschwindigkeiten, sowie unter Verwendung verschiedener Schmiermittel durchgeführt[1]). Ähnliche Versuche sind bereits 1912 außer mit gehärteten Stahlscheiben auch mit gußeisernen, schmiedeeisernen, Sandstein-, Ölschiefer- und Schmirgelscheiben auch von anderer Seite durchgeführt worden[2]), führten aber zu keinen brauchbaren Ergebnissen.

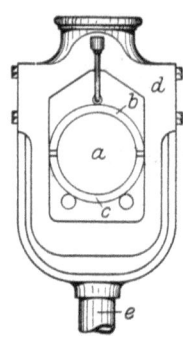

Abb. 40. Gehäuse zur Aufnahme der beiden Schalenhälften. Detail aus Abb. 39.

3. **Prüfstände.** a) **Allgemeines.** Die beiden zuerst beschriebenen Verfahren können sich bei der Prüfung eines einzelnen Metalles als zweckmäßig erweisen, ihre Brauchbarkeit dürfte aber in Frage gestellt sein, wenn es sich darum handelt, aus einer Reihe nicht näher erforschter Metalle für Lagerzwecke die brauchbarsten ausfindig zu machen. Es hat sich nämlich herausgestellt, daß es nicht genügt, ein Lager unter beliebig kleinen Lasten und Gleitgeschwindigkeiten, ja selbst unter normalen

---

[1]) Siehe Bericht Nr. M 228 der Metallberatungs- und Verteilungsstelle für den Maschinenbau.
[2]) Unveröffentlichte Versuche von W. v. Möllendorff und J. Czochralski.

Maschinentechnische Prüfung.

Abb. 41. Reibungsprüfmaschine. (Gesamtansicht.) Bauart: Mohr & Federhaff.

Betriebsbedingungen zu prüfen, sondern vor allem bei den Grenzwerten der Beanspruchung, bei denen ein Betrieb eben noch mög-

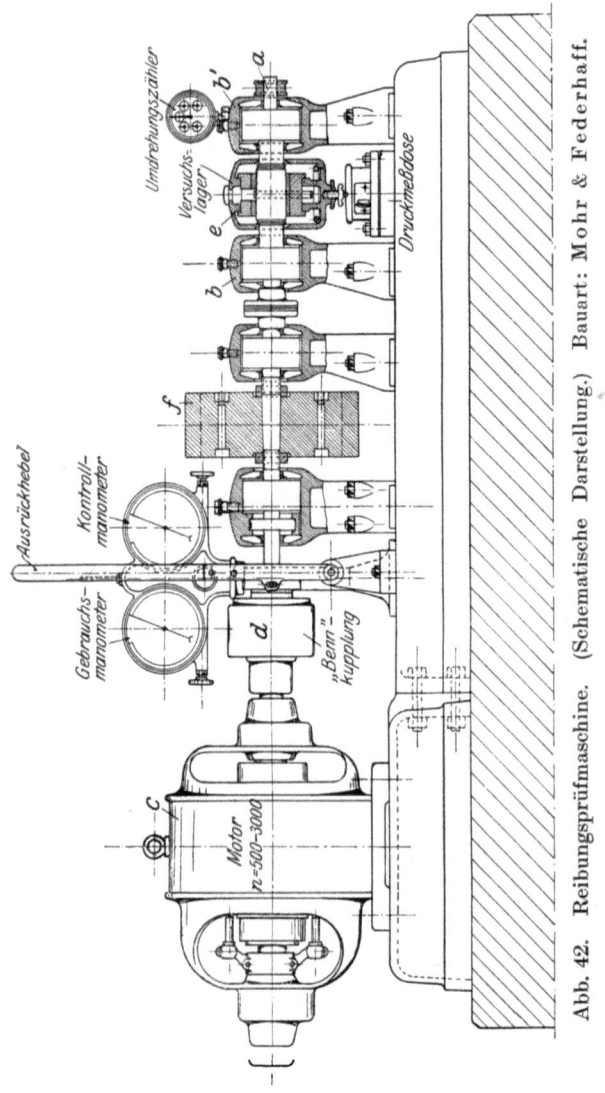

Abb. 42. Reibungsprüfmaschine. (Schematische Darstellung.) Bauart: Mohr & Federhaff.

lich ist. Auch muß der Prüfstand möglichst anpassungsfähig an die vielseitigen Betriebsbedingungen sein, unter denen ein Lager untersucht werden muß, ehe man es dem Betriebe übergeben kann. Es wurde daher von vielen Seiten versucht, geeignete Vorrichtungen für die Lagerprüfung zu konstruieren. Insbesondere haben sich Versuchsstände, wie sie Kammerer und Welter zuerst be-

Abb. 43. Prüfstand für Lagerversuche. (Gesamtansicht.)

nutzten, als sehr zweckmäßig erwiesen[1]). In Anbetracht der Wichtigkeit dieser Prüfung soll hier auf das Verfahren näher eingegangen werden.

Die Prüfvorrichtung besteht im wesentlichen, wie aus Abb. 43, 44 und 45 ersichtlich, aus einem Unterbau von Eisenträgern a, auf denen der Antriebsmotor b nebst Welle c aufgebaut

---

[1]) Siehe Bericht M 216 der Metallberatungs- und Verteilungsstelle für den Maschinenbau.

ist. Die Welle c läuft zur Verminderung der Reibung in zwei Kugellagern d und d' und trägt vorn einen leicht auswechselbaren auf einer Seite konisch ausgebildeten Zapfen e. An diesen Zapfen wird das Versuchslager f, das in dem Rahmen g sitzt, mittels einer Hebelübertragung: Rahmen g, Lasche h, Kugellager $k\,k_1$ und Hebel h_1, von unten her gegengedrückt. Der Rahmen g, auf dem das Lager ruht, ist beweglich an dem Gelenk m und der

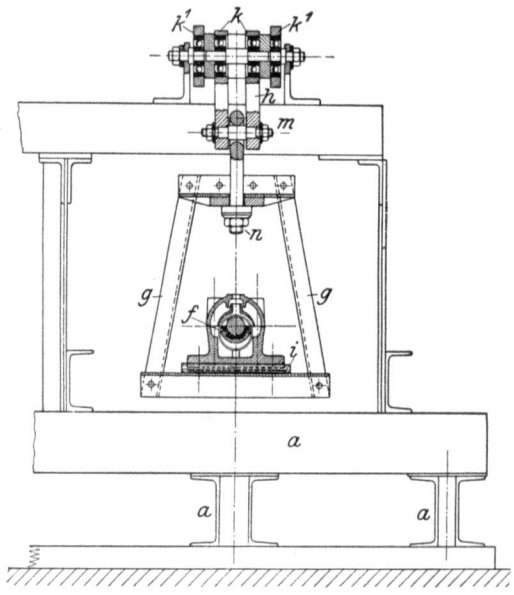

Abb. 44. Detail aus Abb. 45. Vorderansicht.

Kugelkalotte n aufgehängt. Durch diese Anordnung wird dasselbe erreicht, wie wenn der Zapfen oder die Welle auf die untere Lagerschale drücken würde.

Je nachdem ob das Laufgewicht o auf dem freischwebenden Hebelarm verschoben wird, oder daß mehr oder weniger schwere Laufgewichte aufgesetzt werden, kann man die Prüflast beliebig verändern. Die Gleitgeschwindigkeit der Zapfen im Lager wird durch Veränderung der Umdrehungszahl des Motors je nach Bedarf eingestellt. Es ist für die Untersuchungsergebnisse von großer Wichtigkeit, daß die ganze Gleitfläche der Schalen gleichmäßig an den Zapfen angedrückt wird. Zu diesem Zwecke ist der Lagerkörper k lose auf einer runden Stahlwelle *i* gelagert, so daß nur ein zentrischer über die Zapfenfläche gleichmäßig verteilter Druck im Lager auftreten kann.

Die Lagertemperatur wird am besten in einer zentrischen Bohrung im Zapfen *l* Abb. 45 mit Thermometer *p* gemessen, das bis zur Mitte des Versuchslagers reicht und durch eine federnde Kupferhülse direkt mit der Innenwandung des Zapfens in Kontakt steht. Auf diese Weise ist eine einwandfreie Übertragung

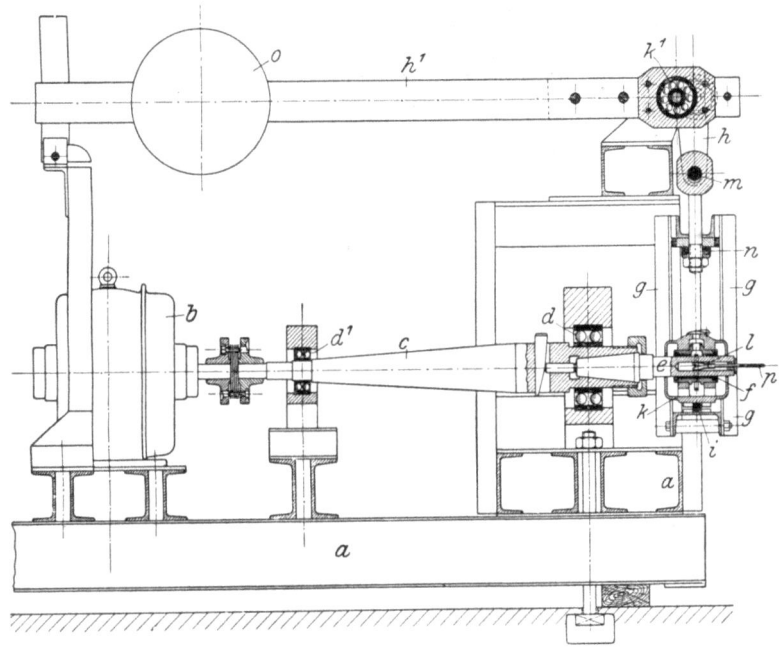

Abb. 45. Prüfstand für Lagermetalle. (Schematische Darstellung.) Seitenansicht.

der Wärme auf das Thermometer gewährleistet, was zur genauen Temperaturbestimmung unbedingt erforderlich ist. Die Wärme in anderen Teilen des Lagers zu messen, ist nicht ratsam, da durch ungleichmäßigen Ölumlauf eine einseitige Wärmeverteilung leicht herbeigeführt werden könnte. Das Thermometer läuft mit dem Zapfen um und die Temperaturmessung kann durch Anlegen einer Hilfsskala ohne Stillsetzung der Welle erfolgen.

Für die normale Untersuchung wird vorteilhaft Ringschmierung verwendet, weil der Ölumlauf hierbei ein recht gleichmäßiger ist und somit keine Temperaturschwankungen, die durch ungleichmäßige Ölzirkulation hervorgerufen werden könnten, auftreten. Preßöl-, Fettpreß- oder gewöhnliche Staufferfettschmierung sind bei der Lagerprüfung möglichst zu vermeiden, weil sie bei ungenügender Kontrolle mehr den Einfluß der Schmierung auf das Lager charakterisieren, als das Lagermetall selbst und so das Ergebnis der Prüfung stark trüben können. Auch muß darauf geachtet werden, daß das angewandte Öl bei allen Versuchen von gleicher Beschaffenheit ist.

b) **Zapfendruck, Gleitgeschwindigkeit und Lagertemperatur.** Die hauptsächlichsten Faktoren, die auf die Prüfungsergebnisse von Einfluß sind, sind unter sonst gleichen Versuchsbedingungen:

> der Zapfendruck,
> die Gleitgeschwindigkeit und
> die Lagertemperatur.

Der Zapfendruck wird gewöhnlich in kg/qcm oder in Atmosphären angegeben und besagt, wie groß die Last ist, die auf die Einheit der Projektionsfläche der Lagerschalenhälfte wirkt. Diesen Druck nennt man auch die spezifische Belastung und bezeichnet ihn gewöhnlich mit dem Buchstaben p. Die so errechnete Belastung ist aber immer etwas kleiner ($1/3$ bis $1/2$) als die wirkliche mittlere, da die Auflagefläche der Welle nur auf einem schmalen axialen Streifen und nicht auf der ganzen Breite der Lauffläche aufliegt.

Die Gleitgeschwindigkeit kann aus der minutlichen Umdrehungszahl des Zapfens durch Multiplikation mit dem Zapfenumfang errechnet werden. Sie wird in m/sek. ausgedrückt und allgemein mit v bezeichnet.

Außer diesen beiden Faktoren, die nach den jeweiligen Versuchsbedingungen beliebig geregelt werden können, ist noch ein dritter zu nennen, der mit den beiden ersten in direkter Abhängigkeit steht und für die Bewertung eines Lagermetalles von Wichtigkeit ist. Es ist dies die Lagertemperatur, die durch Reibung zwischen Schale und Zapfen entsteht. Sie wird durch Änderung der beiden Faktoren p und v mehr oder weniger stark beeinflußt. Diese Temperaturen, bei gleichen Belastungs- und Gleitgewindigkeiten für die verschiedenen Lagermetalle verglichen, lassen ohne weiteres einen Schluß auf die Brauchbarkeit eines Lagermetalles, d. i. auf seine Bewertung, für den praktischen Betrieb zu.

c) **Verlauf der Prüfung.** Die zu prüfende Versuchsschale, die unter bestimmten Bearbeitungsvorschriften, im besonderen mit Rücksicht auf Spielraum zwischen Zapfen und Schale, die sogenannte „Ölluft", usw. herzustellen ist, wird in den Lagerkörper eingebaut und eine gewisse Zeit unter stufenweiser Steigerung von Drucklast und Gleitgeschwindigkeit bei häufiger Kontrolle der Temperatur dem „Einlaufen" unterworfen. Hierbei arbeiten sich die Laufflächen von Zapfen und Schale selbst bei sorgfältigster Bearbeitung erst allmählich ein. Die Auflagefläche zwischen Welle und Schale wird mit zunehmender Versuchszeit und steigender Last größer. Erst wenn mit Erhöhung der Drucklast und der Gleitgeschwindigkeit die Temperatur ohne Gefährdung des Lagers nicht weiter gesteigert werden kann, wird die Einlaufsperiode als beendet angesehen und der Versuch bei stufenweiser Steigerung der Drucklast und Gleitgeschwindigkeit von den niedrigsten bis zu den höchst erreichbaren Werten durchgeführt. Für die einzelnen Belastungs- und Geschwindigkeitsstufen muß jeweils die Beharrungstemperatur abgewartet werden. Bei der stufenweisen Erhöhung von Last und Geschwindigkeit wird in folgender Weise vorgegangen: bei einer gegebenen Belastung p wird die Geschwindigkeit v von den niedrigsten bis zu den höchst zulässigen Werten gesteigert und jeweils die Beharrungstemperatur im Lager gemessen. Dann wird die Geschwindigkeit wieder auf den niedrigsten Wert eingestellt, die Belastung aber um eine Stufe erhöht und bei dieser Last die Beharrungstemperatur bei den gleichen Geschwindigkeitsstufen ermittelt, wie bei dem ersten Versuch. Diese Versuche werden dann in derselben Weise bis zu den höchsten Belastungen durchgeführt.

d) **Prüfungsergebnisse.** α) **Laufversuche bei normalem Zapfendruck.** In der Zahlentafel 7 sind die Ergebnisse mit den vier Lagermetallen zusammengestellt[1]). Die jeweiligen Zapfendrucke p sind in kg/qcm, die Geschwindigkeit v des Zapfens in m/sek. und die Temperatur t der Lagerschale in Graden angegeben. Die Drucke wurden von 9,5 auf 23,8 und 47,8 kg/qcm gesteigert. Die Geschwindigkeiten betrugen 0,6; 1,0; 2,1 und 2,7 m/sek. und zwar für jede Druckstufe. Auf diese Weise wurden Drucke bis zu 47,8 kg/qcm bei 2,7 m/sek. Geschwindigkeit ($p \cdot v = 130$) erzielt.

---

[1]) Die Zahlenangaben entstammen bis jetzt unveröffentlichten Versuchsprotokollen des Versuchsfeldes für Maschinenelemente an der Technischen Hochschule Charlottenburg.

Die Ergebnisse wurden mit Lagerschalen, gemäß Abb. 46, bei einer Auflagefläche von 38,4 qcm unter Verwendung von Ringschmierung erhalten; a ist die Ölzufuhr, b der Spielraum für den Ölring, c die Schmiernute in der Teilungsebene der Lagerschale.

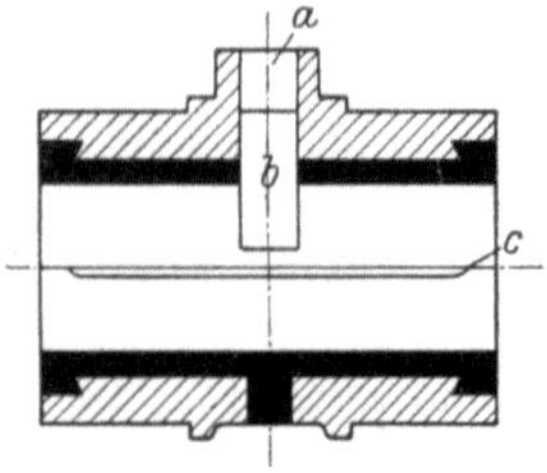

Bei diesen Druckstufen lagen die Temperaturen für Rotguß bei der maximalen Geschwindigkeit von 2,7 m/sek. schon sehr hoch, so daß bei weiterer Steigerung des Druckes oder der Geschwindigkeit ein Fressen des Zapfens in der Schale befürchtet werden mußte. Zinnweißmetall verhält sich günstiger als Rotguß, während mit Lurgilagermetall im allgemeinen die günstigsten Ergebnisse erzielt wurden. Die Temperaturen des Lurgilagermetalles lagen durchschnittlich etwa 5% tiefer als beim besten Zinnweißmetall. Zur besseren Übersicht sind die optimalen Temperaturen in der Zahlentafel 7 durch Fettdruck hervorgehoben worden. In Abb. 47—49 sind die Ergebnisse schaubildlich dargestellt.

Abb. 46. Lagerschale mit normaler Lauffläche (Längsschnitt).

Zahlentafel 7 und Abb. 47—49.

Versuchsergebnisse mit Lagermetallen an Prüfständen bei Verwendung mittlerer Zapfendrucke.

Versuchs-Nr.	Umdrehung (n) des Zapfens pro Minute	Gleitgeschwindigkeit (v) m/sek.	Lagerdruck (p) kg/qcm	$p \cdot v$	Metall			
					Rotguß	Weißmetall	Einheitsmetall	Lurgilagermetall
					Temperatur der Lager in °			
1	300	0,63	9,5	6	32,0	28,0	—	**27,0**
2	500	1,05		10	39,5	35,0	—	**30,5**
3	1000	2,1		20	54,0	43,0	—	**42,0**
4	1300	2,7		26	62,0	**46,0**	—	47,0
5	300	0,63	23,8	15	35,0	**32,5**	—	33,0
6	500	1,05		25	44,0	40,0	—	**37,5**
7	1000	2,1		50	60,0	53,0	—	**49,5**
8	1300	2,7		65	69,0	59,0	—	**53,5**
9	300	0,63	47,8	30	(51,0)	**37,0**	—	**37,0**
10	500	1,05		50	56,0	(51,0)	—	**47,0**
11	1000	2,1		100	81,0	61,0	—	**58,0**
12	1300	2,7		130	95,0	71,0	—	**65,5**

β) **Laufversuche bei sehr hohem Zapfendruck.** Um die Prüfung bei noch höheren Zapfendrucken durchführen zu können, wurden die Auflageflächen der Schalen gemäß Abb. 50

Rotguß (siehe Zahlentafel 7).   Weißmetall (siehe Zahlentafel 7).

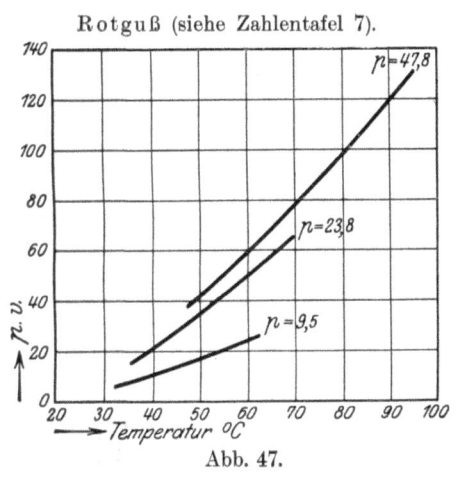
Abb. 47.

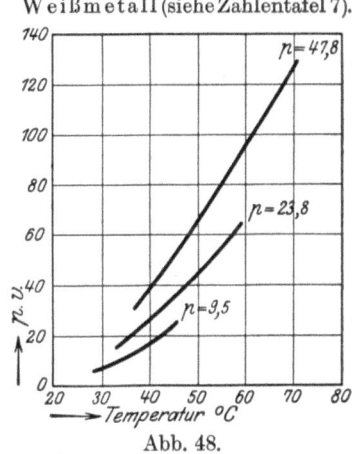
Abb. 48.

Lurgilagermetall (siehe Zahlentafel 7).

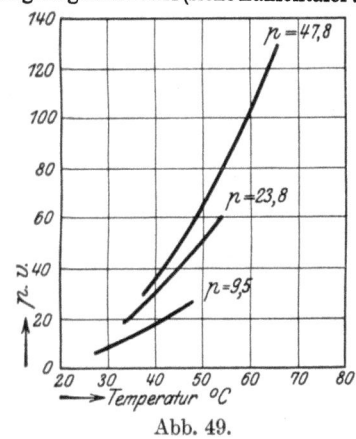
Abb. 49.

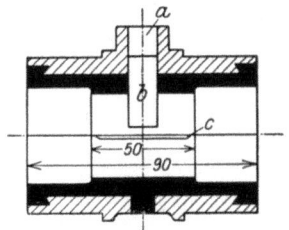
Abb. 50. Schale wie Abb. 46 für Laufversuche mit verkleinerter Lauffläche.

von etwa 9 cm Länge auf 5 cm (entsprechend einer Auflagefläche von 20 qcm) verkürzt. Hierdurch, sowie durch Verwendung größerer Laufgewichte wurde der Zapfendruck auf etwa das Dreifache gesteigert. Die Ergebnisse dieser Versuche sind in der Zahlentafel 8 und in den Schaubildern 51, 51a und 52 vereinigt. Versuchszahlen für Einheitsmetall fehlen.

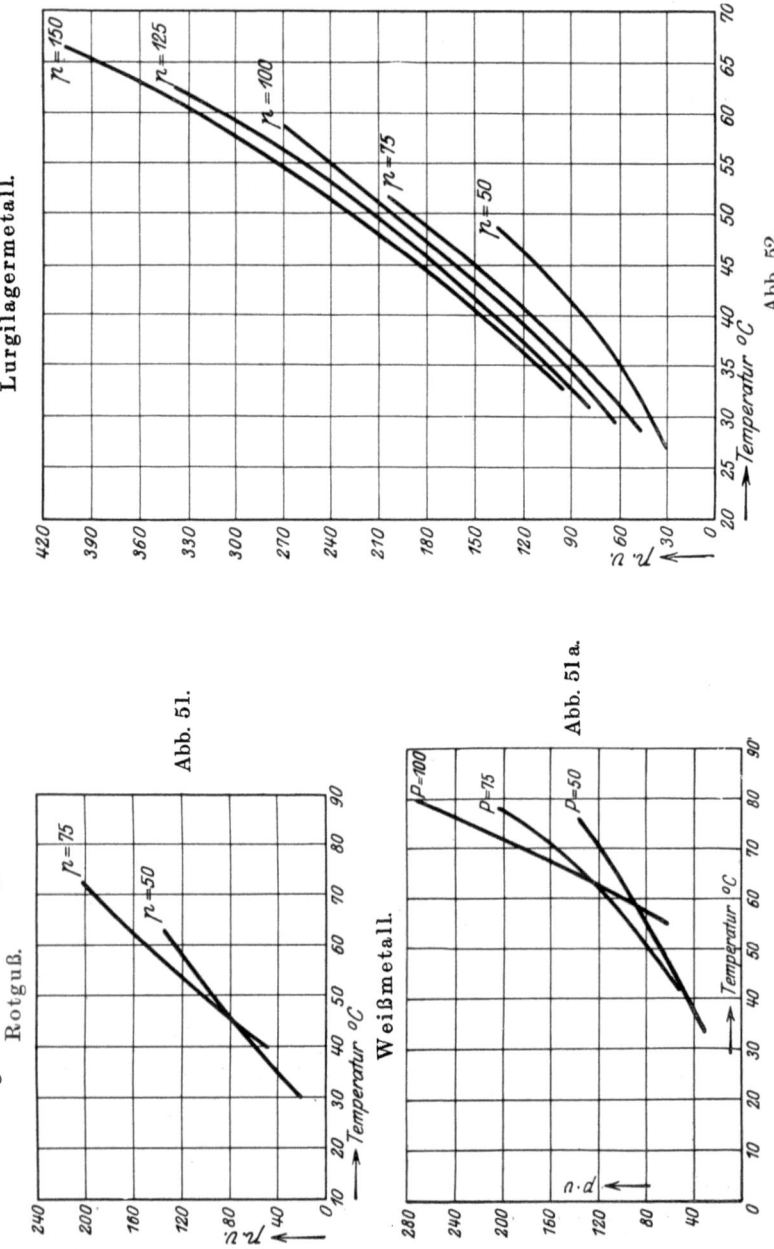

Abb. 51.

Abb. 51a.

Abb. 52.

Maschinentechnische Prüfung. 49

Zahlentafel 8.
Versuchsergebnisse mit Lagermetallen an Prüfständen bei Verwendung sehr hoher Zapfendrucke.

Versuchs-Nr.	Umdrehung (n) des Zapfens pro Minute	Gleitgeschwindigkeit (v) m/sek.	Lagerdruck (p) kg/qcm	$p \cdot v$	Rotguß	Weiß-metall	Einheits-metall	Lurgi-lager-metall
					\multicolumn{4}{c}{Temperatur der Lager in °}
1	300	0,63	50	31,5	30	34	—	27
2	500	1,05	50	52,5	39	43	—	33,5
3	1000	2,1	50	105	52	66	—	44
4	1300	2,7	50	136,5	63	76	—	48
5	300	0,63	75	47,5	40	42	—	28
6	500	1,05	75	78,7	45	50	—	36
7	1000	2,1	75	157,5	62	71	—	(48)
8	1300	2,7	75	205	73	78	—	54
9	300	0,63	100	63	60[1]	55	—	29
10	500	1,05	100	105	—	60	—	(41,5)
11	1000	2,1	100	210	—	72,5	—	52
12	1300	2,7	100	272	—	80	—	59
13	300	0,63	125	78,5	—	—	—	32
14	500	1,05	125	131	—	—	—	40,5
15	1000	2,1	125	262	—	—	—	56
16	1300	2,7	125	340,5	—	—	—	65
17	300	0,63	150	94,5	—	—	—	33,5
18	500	1,05	150	157,5	—	—	—	(53,5)
19	1000	2,1	150	315	—	—	—	59
20	1300	2,7	150	408,5	—	—	—	67

[1]) Schale angefressen.

Auch bei sehr hohen Drucken verhält sich demnach das Lurgilagermetall wesentlich günstiger als Rotguß und Weißmetall, da bei der hohen Belastung von 75 kg/qcm und der Gleitgeschwindigkeit von 2,7 m/sek. ($p \cdot v = 205$) nur eine Temperatur von 54° erzielt wurde, gegenüber 73° bei Rotguß und 78° bei Weißmetall. Die Temperatur des Lurgilagermetalles lag also um 25% und 30% tiefer als bei den beiden anderen Metallen. Bei der nächstfolgenden Belastungsstufe versagte der Rotguß bereits schon völlig und mußte von der weiteren Prüfung ausgeschlossen werden. Das Weißmetall hielt die Belastung von 100 kg/qcm bei einer Geschwindigkeit von 2 · 7 m/sek. eben noch aus. Selbst bei 150 kg

Belastung und der Gleitgeschwindigkeit von 2,7 m/sek. (p · v = 408,5) tritt bei Lurgilagermetall keine anormale Erhöhung der Lagertemperaturen auf.

γ) **Laufversuche unter anormalen Zapfendrucken.** Um die Grenzleistung des Lurgilagermetalles kennen zu lernen, wurden noch bei den höchsten zu Gebote stehenden Belastungen Laufversuche durchgeführt. Bei diesen Versuchen betrug die Laufgeschwindigkeit konstant 1,05 m/sek. bei Belastungen bis zu 420 kg/qcm und einer Auflagefläche von 4 qcm.

Zahlentafel 9 und Abb. 53.
Versuchsergebnisse mit Lurgilagermetall an Prüfständen bei Verwendung anormaler, in der Praxis kaum vorkommender Zapfendrucke.

Versuchs-Nr.	Umdrehung (n) des Zapfens pro Minute	Gleitgeschwindigkeit (v) m/sek.	Zapfendruck (p) kg/qcm	$p \cdot v$	Metall Lurgilagermetall Temperatur der Lager in °
1	500	1,05	100	105	41,5
2	500	1,05	150	158	43,5
3	500	1,05	200	210	44
4	500	1,05	250	263	45
5	500	1,05	300	315	46,5
6	500	1,05	350	368	49
7	500	1,05	375	394	51
8	500	1,05	400	420	53,5
9	500	1,05	425	446	55

Gemäß der Zahlentafel und dem Diagramm, Abb. 53 hat das Lurgilagermetall trotz der geringen Lauffläche von nur 4 qcm bei einem Zapfendruck von 425 kg/qcm eine Lagertemperatur von nur 55°, befand sich also noch in vollkommen betriebsmäßigem Zustande. Ähnliche Versuchsergebnisse mit Rotguß oder Zinnweißmetall liegen zurzeit nicht vor. Ob die übrigen Metalle bei diesen hohen Belastungen sich ebenfalls als widerstandsfähig erweisen, läßt sich nicht voraussagen.

4. Weitere Prüfungsarten. a) Kantenpressung. Versuche, wie die beschriebenen, genügen im allgemeinen, um über die Brauchbarkeit eines Lagers für den normalen Betrieb Aufschluß zu geben. Die auf dem Prüfstand untersuchten und für

Maschinentechnische Prüfung. 51

tauglich befundenen Lagermetalle können ohne Bedenken in die Betriebsmaschinen eingebaut werden, vorausgesetzt, daß die Lager den gleichen Beanspruchungen wie bei der Prüfung ausgesetzt sind, d. h. die Belastung ruhend ist und die Betriebsbedingungen nicht sehr von den beschriebenen Versuchsbedingungen abweichen. Kommen aber nun zu diesen Beanspruchungen noch weitere hinzu, so genügt diese einfache Prüfung nicht mehr. Es erweist sich dann vielmehr die Durchführung von Sonderuntersuchungen als notwendig. Die für diese Prüfung maßgebenden Gesichtspunkte seien kurz auseinandergesetzt.

Es ist in der Praxis nicht immer möglich, die Lager so zu konstruieren, daß sie sich auf ihrer ganzen Länge der Welle völlig

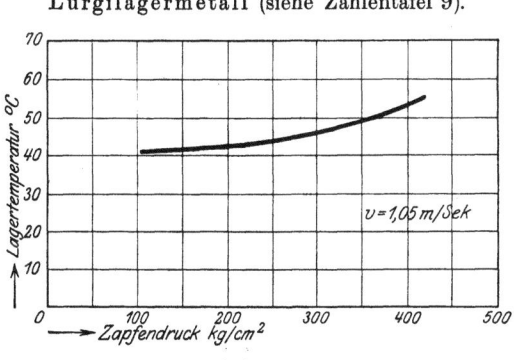

Abb. 53.

anzupassen vermögen. In sehr vielen Fällen ist eine einseitige Belastung der Lager trotz ihrer sorgfältigsten Ausführung nicht zu umgehen. Es wäre von Nutzen, über den Einfluß des Eckens oder der Kantenpressung, also Schiefstellung von Schale und Zapfen in axialer Richtung (siehe Abb. 54), näheres zu wissen. Eingehende Versuche haben denn auch gezeigt, daß im allgemeinen eine geringe Schiefstellung der Schale keine wesentliche Temperatursteigerung hervorruft, falls sie sich in den Maßgrenzen der „Ölluft" (meist einige hundertstel Millimeter) bewegt. Ist sie hingegen größer, so daß Kantenpressung nicht nur an einer Seite der unteren Lagerschale auftritt, sondern auch an der diametral gegenüberliegenden Kante a, Abb. 54, der Deckelschale Reibung entsteht, so kann sich je nach den Pressungen, die an den Kanten a und b auftreten, schon nach kurzer Zeit ein Heißlaufen der Lager

4*

bemerkbar machen. Das einzige Mittel, diesen schädlichen Einflüssen wirksam zu begegnen, ist die nachgiebige Anordnung der Schalen, worauf noch in Abschnitt „Einstellbarkeit" näher eingegangen wird.

b) **Wechsel- und Stoßbeanspruchung.** Vielfach wird in Fachkreisen die Meinung vertreten, daß bei Wechsel- und Stoßbelastung im Lager bedeutend ungünstigere thermische Bedingungen vorliegen, als bei ruhender Last. Diese Frage konnte ebenfalls, wenigstens bis zu einem gewissen Grade, geklärt werden. Die Versuche haben ergeben, daß Wechselbelastung nicht ungünstig auf das Lager einwirkt, sondern daß im Gegenteil diese Belastungsart hinsichtlich der Erwärmung einen günstigen Einfluß auf das Lagermetall ausübt.

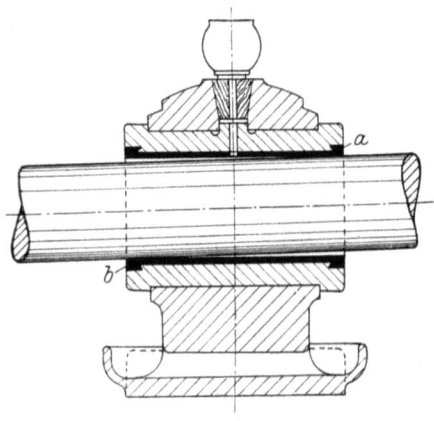

Abb. 54. Lager mit Kantenpressung, infolge Schiefstellung der Welle.

Die Versuchsanordnung gemäß Abb. 55 hat sich zur Nachahmung dieser Betriebsverhältnisse bewährt. Unter dem Belastungshebel a wird eine kleine Welle b mit Exzenterscheibe c angebracht, die je nach dem Stande der Exzenterscheibe den Hebel wechselweise hebt oder senkt. Die Welle führt durchschnittlich 100 Umdrehungen in der Minute aus; auf diese Weise wird das Lager 100 mal in der Minute belastet und entlastet. Je nach den Umdrehungen der Hauptwelle des Lagers kann erreicht werden, daß bei jeder Umdrehung des Zapfens oder bei jeder zweiten, dritten usw. Umdrehung ein Wechsel in der Belastung eintritt. Auf diese Weise konnte man die Verhältnisse nachahmen, wie sie beim Kurbelwellenbetrieb einer Dampfmaschine oder eines Kompressors mit stoßlos wechselndem Drucke auftreten.

Aber selbst bei stoßweiser Belastung konnte keine Temperaturerhöhung gegenüber Dauerlast bei verschiedenen Versuchsreihen nachgewiesen werden. Die kreisrunde Exzenterscheibe c, der in Abb. 55 wiedergegebenen Vorrichtung, wurde in diesem Falle durch eine Kurvenscheibe c, Abb. 56, ersetzt. Hierdurch konnten die Betriebsverhältnisse, wie sie bei Pumpen, Gasmaschinen, Exzenterpressen, Schienenstößen usw. auftreten, nachgeahmt werden.

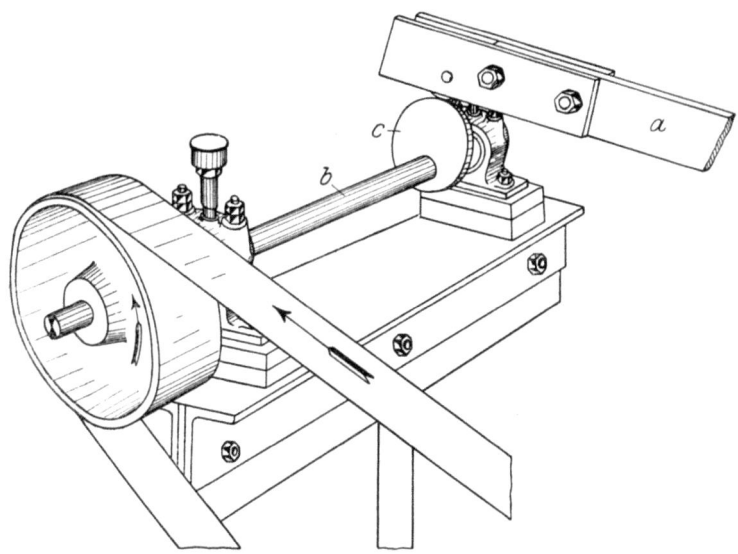

Abb. 55. Vorrichtung für Wechselbelastung.

Demnach scheinen Stoßbeanspruchungen keine störende Wärmeentwicklung hervorzurufen, wohl aber leicht rein mechanische Zerstörungen zu bewirken, so daß das Lagermetall ausbröckelt oder sich von der Schale lockert (Gegenmaßnahmen siehe unter „Haftbarkeit").

c) Anlaufversuche. In der Praxis kommt es sehr häufig vor, daß Wellen mit kleinen Gleitgeschwindigkeiten, aber hohen Zapfendrucken aus dem Ruhezustand in Bewegung und gleich darauf wieder stillgesetzt werden. Diese Art der Beanspruchung kommt bei Achsenlagern von Lokomotiven und Eisenbahnwagen, in besonders hohem Maße aber bei Lagern vollbelasteter Laufkatzen an Kranen vor. Diese Lager sollen mehr a s andere zum Ansetzen

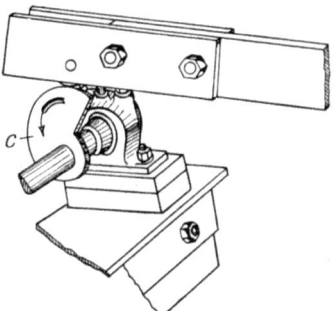

Abb. 56. Vorrichtung nur für Stoßbelastung.

neigen. Zur Erklärung dieser Tatsache wird vielfach angenommen, daß das Öl, das bei der Rotation zwischen Lager und Welle eine Zwischenschicht bildet, bei Stillstand durch die hohen Lasten aus der Druckzone der Schale herausgequetscht wird. Es soll dadurch eine Berührung der metallischen Flächen eintreten, die bei öfterem Anlauf allmählich ein Zerstören der Lauffläche durch erhöhte Reibung herbeiführt.

In dieser Richtung durchgeführte Versuche haben aber ergeben, daß selbst bei den höchsten Drucken eine Zerstörung des Lagers auf diese Weise nicht erfolgt und daß die Lagertemperaturen niedriger bleiben als bei Dauerversuchen. Je nach der Art der Lagermetalle zeigen sich große Unterschiede in den Anfahrmomenten, die teils auf Trägheitseinflüsse und erhöhte Reibungswiderstände der Kapillarschichten zwischen Zapfen und Schale und dergleichen, teils auf die einzelnen Lagermetalle selbst zurückzuführen sein dürften.

Die Durchführung dieser Untersuchungen erfolgt zweckmäßig unter Benützung eines kräftigen Motors, um den Anfangswiderstand der Welle im Lager leicht überwinden zu können.

5. Störende Nebenerscheinungen. Bei Laufversuchen auf Prüfständen kommt es häufig vor, daß die Lagermetalle, insbesondere die weicheren, seitlich herausgequetscht werden. Dies kann schon bei Drucken von 100 kg/qcm und darunter erfolgen.

Ein solches Versagen der Lagerschale ist dann nicht auf deren ungenügende Gleiteigenschaften, sondern auf die ungenügende mechanische Widerstandsfähigkeit des Metalles zurückzuführen. Inwieweit ein Metall dieser Beanspruchungsart widersteht, kann durch die mechanische Prüfung und zwar durch die Bestimmung der Elastizitätsgrenze und der Druckfestigkeit (siehe diese) einfacher und genauer festgestellt werden als durch Laufversuche.

Bei Lagern, die dauernd oder vorübergehend Stoßbeanspruchungen ausgesetzt werden, kann es auch leicht vorkommen, daß der Ausguß von der Schale losgeklopft wird. Ist das Lagermetall nicht zäh genug, so kann dieser Umstand leicht zu Rissebildung oder Bruchbildung des Metalles führen. Auch diese Eigenschaft des Metalles kann bequemer durch andere Prüfungsarten festgestellt werden. Bei Lagermetallen gilt als Güteziffer für diese Eigenschaft die Stauchfähigkeit. Das Lockern des Ausgusses in der Schale tritt insbesondere bei den Metallen auf, die eine ungenügende Haftfähigkeit in der Schale besitzen, wie dies beispielsweise bei den meisten Bleilagermetallen der Fall ist.

Auf diese Mängel soll aber an dieser Stelle nicht näher eingegangen werden, da sie den wesentlichen Inhalt der beiden folgenden Abschnitte bilden.

B. Materialprüfungstechnisches.

1. Zweck und Bedeutung der Prüfung. Die materialprüfungstechnische Untersuchung kann nicht als Ersatz für die maschinentechnische Prüfung angesehen werden. Sie hat nur den Zweck, die Grundeigenschaften der Metalle durch abgekürzte Prüfverfahren näher zu bestimmen. Auf diese Weise ist es möglich, bei der Erforschung neuer Lagermetalle bestimmte Gruppen, die einem bewährten Lagermetall in den Grundeigenschaften am nächsten kommen, näher einzukreisen und für das Weiterstudium auszuwählen. Diese Metalle sind dann einer eingehenden Prüfung zu unterziehen, bei der tunlichst auf die Betriebsbedingungen Rücksicht zu nehmen ist. Je ausführlicher und umfassender diese Prüfung ist, in um so höherem Maße wird man die Brauchbarkeit des Metalles im voraus beurteilen können. Die materialprüfungstechnischen Untersuchungen bilden also gleichsam ein Vorstudium für die praktische Verwendbarkeit eines Lagermetalles. Während die betriebsmäßige Untersuchung die Beurteilung eines Materials meist erst nach mehrjähriger Betriebsdauer gestattet, ist es auf dem Wege der Materialprüfung möglich, sich in kürzester Zeit ein Urteil über seine Haupteigenschaften zu bilden.

Eine ganz andere Bedeutung kommt der materialprüfungstechnischen Untersuchung für den Konstrukteur zu. Ehe er sich zur Verwendung eines Materials als Konstruktionsstoff entschließt, muß er bestimmte Bedingungen an dessen Eigenschaften stellen. Zu diesen gehören in erster Linie die Tragfähigkeit, Zähigkeit, sowie diejenigen Eigenschaften, die die Beschädigungsgefahr des Wellenzapfens auf ein Minimum herabsetzen. Sie kommen zum Ausdruck in der Elastizitätsgrenze, der Druckfestigkeit, der Stauchfähigkeit und der Härte.

In nachstehendem soll auf diese Prüfungsverfahren näher eingegangen werden. Aus Gründen der übersichtlicheren Anordnung sollen die vier Lagermetalle in diesem Abschnitt nicht getrennt, sondern gemeinsam behandelt werden.

2. Die Elastizitätsgrenze. Wird ein Körper einer mechanischen Beanspruchung ausgesetzt, so verändert er mehr oder weniger seine Gestalt. Diese Veränderung ist aber meist so ge-

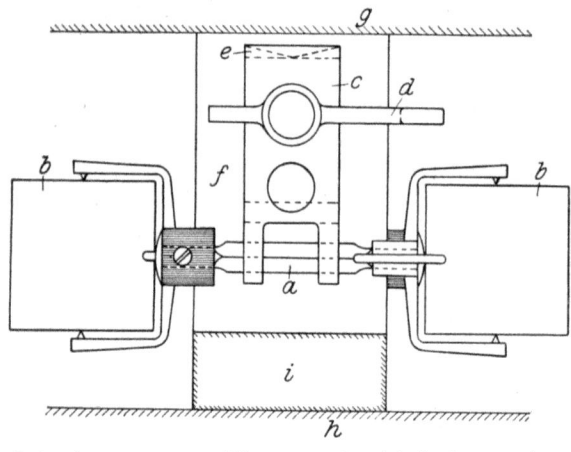

Abb. 57. Spiegelapparat nach Martens, betriebsfertig an einem Probekörper befestigt. Seitenansicht.

ringfügig, daß es besonderer Verfahren bedarf, um sie überhaupt nachweisen zu können. Ein bekanntes Verfahren besteht darin, daß man an zylindrischen Körpern durch geeignete Übertragung

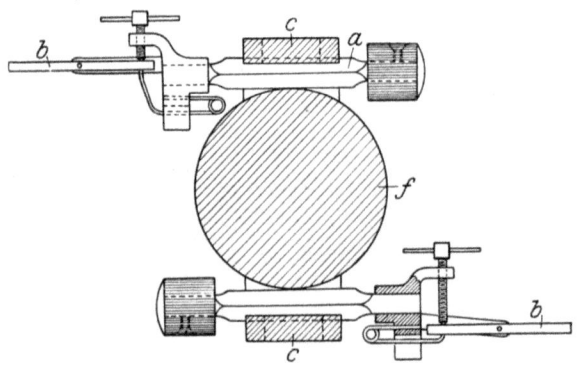

Abb. 58. Das gleiche. Querschnitt.

die Längenänderung ermittelt. Ein solcher Apparat nach Martens ist in Abb. 57 und 58 wiedergegeben. Die schneidenförmigen Stahlkörper a tragen in ihrer Verlängerungsachse einen Spiegel b. Zwischen zwei Blattfedern c werden die Stahlschneiden a an zwei gegenüberliegenden Stellen des Probekörpers f eingeklemmt. Die Blattfedern c werden durch einen Bügel d, Abb. 57, zusammen mit der Schneide e am Probekörper f festgehalten. Die ganze Vorrichtung wird samt Probekörper f zwischen den Platten g, h einer Druckpresse eingespannt; i ist eine Beilage zur Vergrößerung des Spielraumes zwischen den beiden Stempeln g, h. Auf zwei Skalen k, Abb. 59 (von denen in der Zeichnung nur eine sicht-

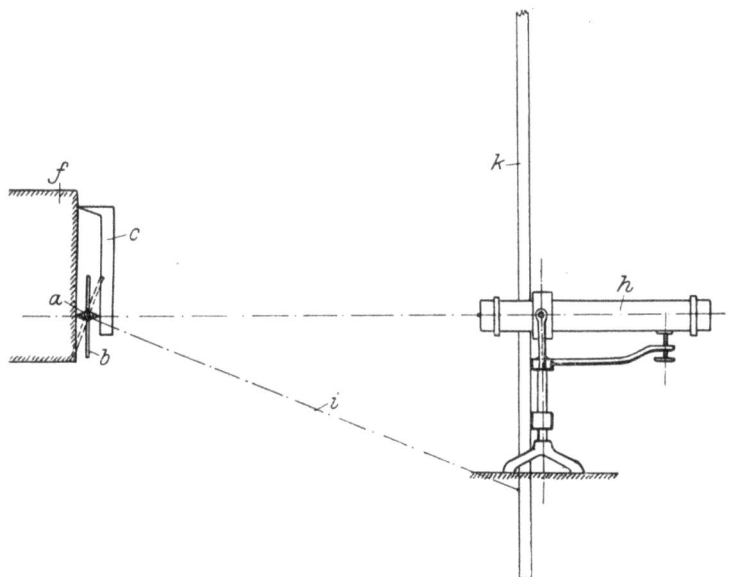

Abb. 59. Anordnung der Ablesefernrohre beim Martensschen Spiegelapparat.

bar wird), werden mittels Fernrohren h die Ausschläge abgelesen. Diese Vorrichtung gestattet, noch Längenänderungen von 0,0001 mm festzustellen.

Die erzeugten Formänderungen können zweierlei Art sein, und zwar: vorübergehende oder elastische und bleibende oder plastische. Es ist von Interesse, festzustellen, bei welchen Belastungen die ersten bleibenden Formänderungen in einem Körper auftreten. Mit Hilfe des beschriebenen Apparates ist dies ohne weiteres möglich. Sind die Formänderungen nur vorübergehender (elastischer) Natur, so geht der Lichtzeiger i des Apparates nach Entlastung in seine ursprüngliche Lage wieder zurück. Hat die Formänderung einen bestimmten Betrag überschritten, so ist dies nicht mehr der Fall. Nach Entlastung ergibt sich eine Differenz, die der bleibenden Formänderung entspricht. Diejenige Belastung pro Flächeneinheit, bei der die vorübergehende Formänderung in die bleibende übergeht, bezeichnet man als Elastizitätsgrenze. Die Bestimmung der Elastizitätsgrenze nach dem soeben beschriebenen Verfahren ist aber äußerst umständlich und zeitraubend. Man ist daher vielfach bestrebt, sie durch einfachere Verfahren zu ersetzen.

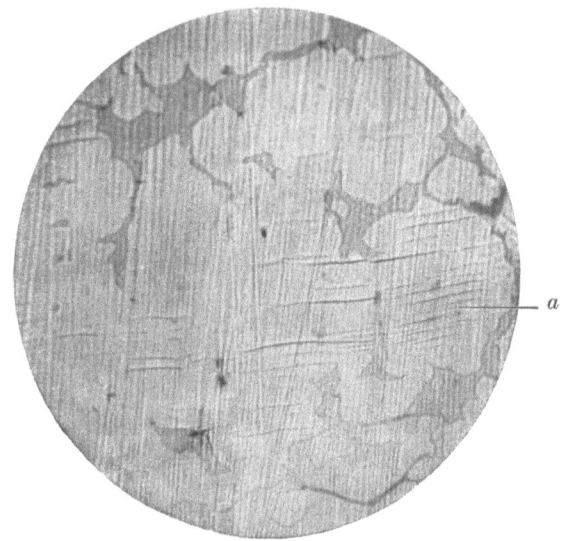

Abb. 60. Rotguß mit Gleitliniensystemen (*a*), die das Überschreiten der Elastizitätsgrenze anzeigen. Lineare Vergr. = 250.

Ein einfaches, aber nicht ganz zuverlässiges und nur begrenzt anwendbares Verfahren besteht darin, daß man Metallwürfel, von denen eine Würfelfläche für die Beobachtung angeschliffen und poliert wird, einem Druckversuch unterzieht und mit Hilfe des Mikroskops feststellt, bei welcher Belastung pro Flächeneinheit die ersten Veränderungen an der polierten Schlifffläche auftreten.

In den Abb. 60—63 sind diese Veränderungen der Schlifffläche für die vier Lagermetalle wiedergegeben. Man kann an den einzelnen Kristallen (Abb. 60 u. 63) deutlich Liniensysteme beobachten. Sie rühren davon her, daß die Kristalle beim Übergang aus der vorübergehenden in die bleibende Formänderung Gestaltsänderungen erfahren, die sich in der Ausbildung sogenannter

Gleitflächen bemerkbar machen. Auf diese Weise entstehen auf der polierten Fläche treppenförmige Gebilde, deren Lage von der der Schliffebene abweicht. Dieser Vorgang kann mikroskopisch

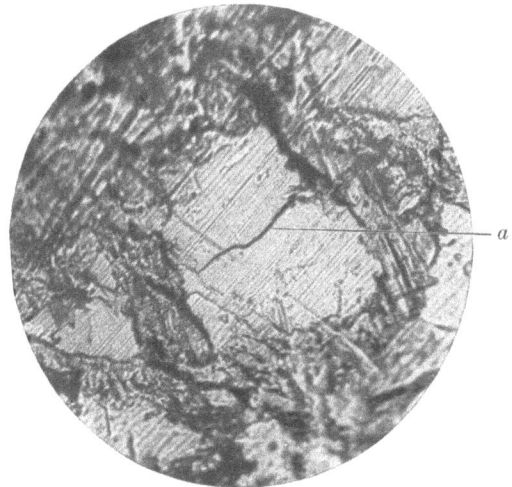

Abb. 61. Weißmetall, trotz Bruchbildung (a) Gleitliniensystem nicht sichtbar. Lineare Vergr. = 250.

Abb. 62. Einheitsmetall, trotz Bruchbildung (a) Gleitliniensystem nicht sichtbar. Lineare Vergr. = 1000.

leicht verfolgt und festgehalten werden. Dagegen sind in den Schliffbildern von Zinnweißmetall und Einheitsmetall (Abb. 61 u. 62) keine Gleitlinien sichtbar, trotzdem die Beanspruchung bis zum Bruch einzelner Kristalle (a—a) gesteigert wurde. Das Verfahren kann demnach auf Zuverlässigkeit keinen Anspruch machen.

Wenn man somit in der Methode nach Martens auch ein hinreichend genaues Verfahren für die Bestimmung der Elastizitätsgrenze besitzt, so pflegt man in der Praxis diesen Material-

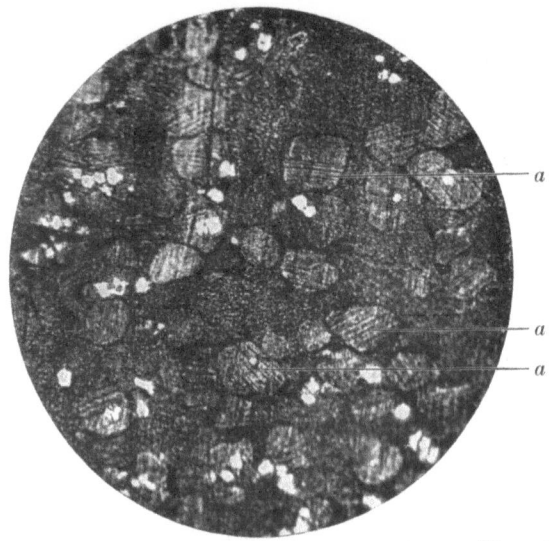

Abb. 63. Lurgilagermetall mit Gleitliniensystemen (a), die das Überschreiten der Elastizitätsgrenze anzeigen. Lineare Vergr. = 250.

wert nur selten zu bestimmen. Man beschränkt sich vielmehr auf die Bestimmung der sogenannten 0,2%-Grenze. Sie wird mit Hilfe des beschriebenen Spiegelapparates durchgeführt. Das zweite Verfahren kommt für die Bestimmung der 0,2%-Grenze nicht in Frage. Die 0,2%-Grenze wird in der Weise bestimmt, daß man die Last pro Flächeneinheit ermittelt, die der Probekörper bei einer Höhenverminderung von 0,2% zu tragen befähigt ist. Absolutes Wertmaß kommt der 0,2%-Grenze nicht zu, sie stellt vielmehr ein mehr oder weniger willkürliches Maß dar. In der Zahlentafel sind die nach den beiden Verfahren ermittelten Elastizitätsgrenzen, sowie die 0,2%-Grenzen für die vier Lagermetalle wiedergegeben.

Zahlentafel 10.

Material	Elastizitätsgrenze nach dem Martensschen Verfahren[1] kg/qmm	Elastizitätsgrenze nach dem mikroskopischen Verfahren kg/qmm	0,2%-Grenze kg/qmm
Rotguß.....	9,9	15,7	11
Zinnweißmetall.	1,86	} nicht	5,0
Einheitsmetall..	0,86	} bestimmbar	3,1
Lurgilagermetall.	3,3	12,7	5,5

Vielfach findet man Angaben, in denen bei Zinn- und Bleilagermetallen Elastizitätsgrenzen von 20 kg/qmm und wohl auch noch darüber genannt werden. Dies dürfte aber auf Verunglimpfung oder falsche Interpretierung dieses Begriffes zurückzuführen sein.

Die Elastizitätsgrenze ist ein Maß des Tragvermögens. Kommen sehr hohe Lagerdrucke zur Anwendung, so müssen für diese Zwecke auch Metalle mit hoher Elastizitätsgrenze gewählt werden. Im allgemeinen wird aber in dieser Hinsicht überängstlich verfahren. Häufig geschieht es, daß Rotguß an Stellen verwendet wird, an denen andere Metalle billig die gleichen Zwecke erfüllen würden (siehe unter „Konstruktionstechnisches"). Die Berücksichtigung der Elastizitätsgrenze ist daher für den Konstrukteur von besonderer Bedeutung. Sie sollte stets als Grundlage bei der Wahl eines Lagermetalles und bei der Bemessung der Lagerkörper herangezogen werden; fünffache Sicherheit hinsichtlich der Elastizitätsgrenze dürfte das äußerste Maß bei der Bemessung von Konstruktionsteilen darstellen, während in der Praxis zwanzigfache Sicherheit und darüber nichts außergewöhnliches ist. Es wäre an der Zeit, diesen Faktor beim Konstruieren mehr zu berücksichtigen und mit der althergebrachten Gepflogenheit gründlich aufzuräumen.

3. Stauchfähigkeit und Druckfestigkeit. Über das Anpassungsvermögen eines Lagermetalles an den Wellenzapfen, sowie über dessen Widerstand gegen Bruch- und Rissebildung gibt die Stauchfähigkeit ein technologisches Maß. Dieses Wertmaß kommt der Stauchfähigkeit indes nur dann zu, wenn man neben

---

[1] Bestimmung erfolgte nach einer etwas modifizierten Methode und zwar in der Weise, daß durch Steigerung der Belastung die Grenze ermittelt wurde, bei der die ersten Fließerscheinungen auftraten.

der Elastizitätsgrenze auch die Druckfestigkeit, auf die noch näher eingegangen wird, mit in Rechnung zieht.

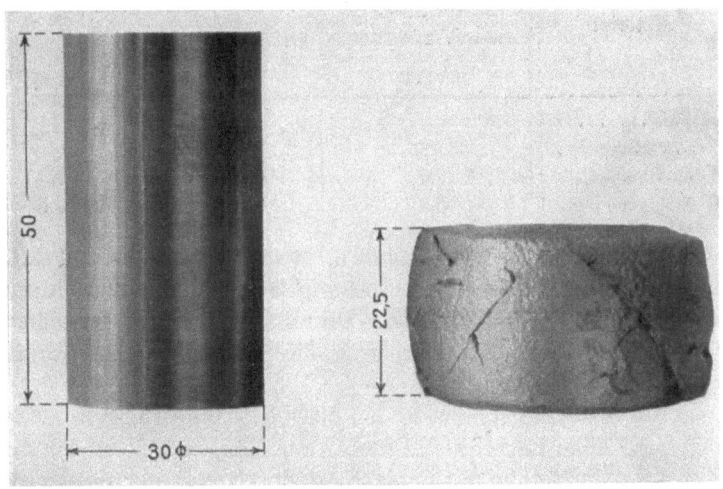

Abb. 64. Probekörper aus Rotguß vor und nach dem Stauchversuch.

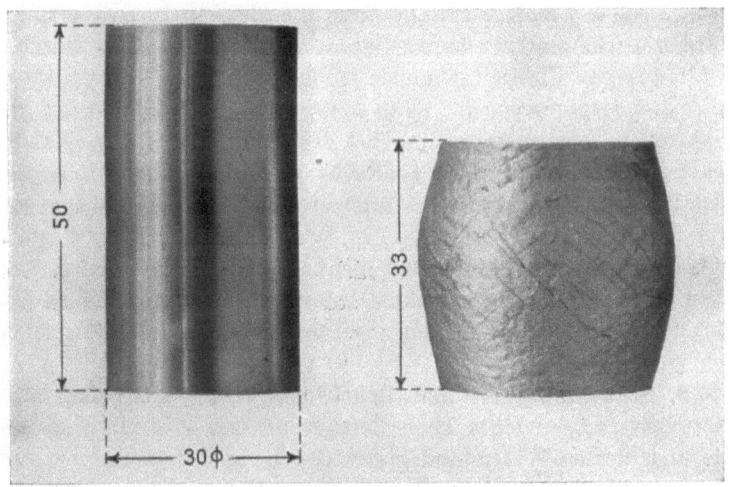

Abb. 65. Desgl. Weißmetall.

Die Stauchfähigkeit der vier Lagermetalle ist in den Abb. 64 bis 67 an Ergebnissen von Stauchversuchen veranschaulicht. Zu diesem Zwecke wurden 50 mm lange und 30 mm dicke Zylinder kalt auf einer Presse zusammengedrückt. Während sich der

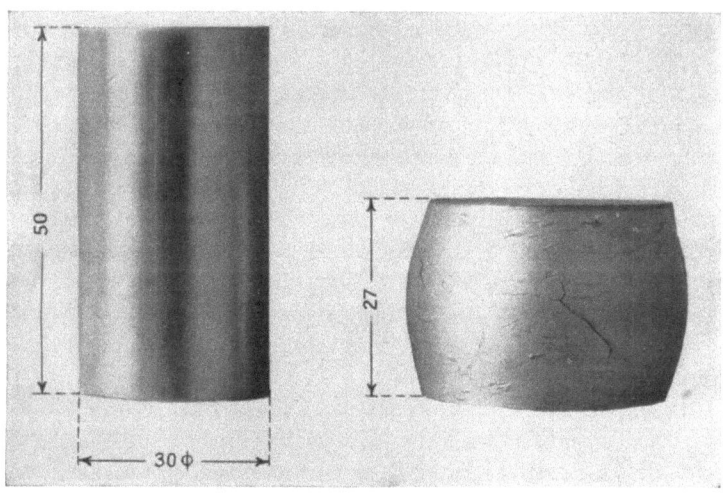

Abb. 66. Probekörper aus Einheitsmetall vor und nach dem Stauchversuch.

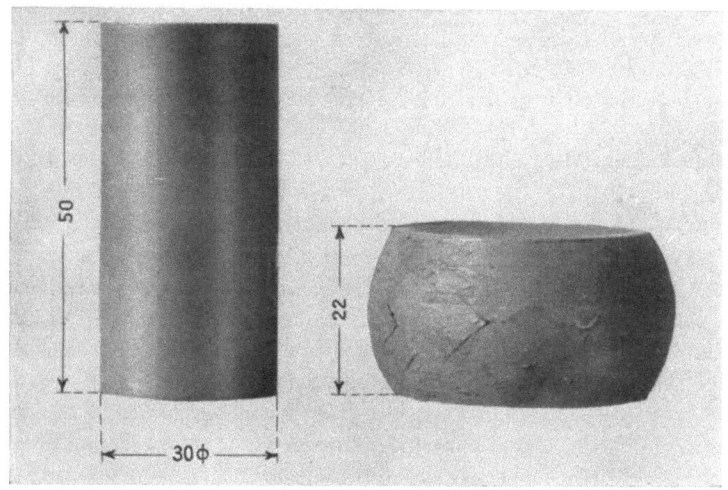

Abb. 67. Desgl. Lurgilagermetall.

Rotgußzylinder kalt auf 55% der ursprünglichen Höhe stauchen läßt, erreicht man bei zinnreichem Weißmetall nur 33%, bei

Lurgilagermetall eine Verkürzung von 56% der ursprünglichen Höhe, während das Einheitsmetall mit 46% hinter dem letzten zurückbleibt. Als Maß für das Erschöpfen der Stauchfähigkeit ist das Auftreten von Rissen an der äußeren Mantelfläche angenommen. Wird diese Prüfung unter genauen Bedingungen durchgeführt, und werden sowohl die Abmessungen der Probekörper und die jeweils wirkenden Lasten genau ermittelt, so ist es möglich, anzugeben, bei welcher Last pro Querschnittseinheit das Stauchvermögen des Probekörpers erschöpft wird, bzw. bei welcher Last die ersten äußeren Mantelrisse auftreten. Diese Last, dividiert durch die ursprüngliche Druckfläche, wird als Druckfestigkeit des Stoffes bezeichnet. Das Prüfverfahren hat in der Praxis bereits einige Verbreitung gefunden, obwohl es in der offiziellen Materialprüfungstechnik in dieser Ausführungsform keinen Bestand hat.

a) **Nominelle Druckfestigkeit.** Die für die Vornahme von Druckversuchen von der Materialprüfungstechnik ausgearbeiteten Prüfungsbedingungen gehen nämlich dahin, daß der Probekörper bei der Prüfung eine Querschnittsvergrößerung nicht erleiden soll. Das Prüfverfahren wurde bisher zumeist bei spröden Materialien (Zement und Gesteinsarten) verwendet, also Stoffen, bei denen irgendwelche Querschnittsveränderungen nicht auftreten. Der wesentliche Unterschied zwischen der Prüfung dieser Materialien und der der Metalle liegt aber darin, daß infolge der Querschnittsvergrößerung, die bei der Prüfung von Lagermetallen auftritt, eine Belastung der Querschnittseinheit vorgetäuscht wird, die die wirklichen Belastungsziffern übersteigt. In der Tat sind die auf diese Weise erhaltenen Zahlen völlig ungeeignet, irgendeinen Aufschluß über die wirklichen Druckeigenschaften des geprüften Stoffes zu geben. Es kann auf diese Weise z. B. bei Weichblei eine Druckfestigkeit auftreten, die um das Hundertfache und darüber höher liegt, als die des besten Zinnweißmetalles. Je größer die Plastizität eines Stoffes ist, um so größere Druckfestigkeit kann auf diese Weise vorgetäuscht werden. Daraus erhellt, daß die Bestimmung dieser Art der Druckfestigkeit als wertlos bezeichnet werden muß. Irgendwelchen Aufschluß über den Charakter einer Legierung vermag die so ermittelte „Druckfestigkeit" nicht zu geben. Da sie aber technisch einmal im Gebrauch ist, dürfte es empfehlenswert sein, sie besonders, vielleicht durch den Namen „nominelle Druckfestigkeit"

Materialprüfungstechnisches. 65

zu kennzeichnen. Dies soll zum Ausdruck bringen, daß sie nur dem Namen nach mit der Druckfestigkeit etwas gemein hat.

b) **Effektive Druckfestigkeit.** Es ist immerhin aber möglich, auch aus der nominellen Druckkurve praktisch verwertbare Anhaltspunkte zu gewinnen. Man muß dann in der Weise verfahren, daß man während des Versuches die Lasten bestimmt, die dem jeweiligen Querschnitt des Probekörpers während der Belastung zukommen. Dem Zugversuch analog empfiehlt es sich, diese Art der Druckfestigkeit als „effektive" Druckfestigkeit zu bezeichnen. Das gleiche Ergebnis kann man aber auch auf einfache Weise dadurch erreichen, daß man die Werte der nominellen Druckkurve auf den jeweiligen Querschnitt rein rechnerisch bezieht. Wenn es auch nicht möglich ist, auf diese Weise völlig einwandfreie Werte zu gewinnen, so dürften diese Zahlen in den meisten Fällen für praktische Zwecke vollauf genügen.

Die Umrechnung kann nach dem folgenden einfachen Ansatz erfolgen:

Effektive Druckfestigkeit = Nominelle Druckfestigkeit $\cdot \dfrac{(100 - \lambda)}{100}$.

Darin bedeutet λ die prozentuale Höhenabnahme des Druckkörpers.

Die Kurven a des Schaubildes 68 entsprechen den nominellen Druckfestigkeiten der vier Lagermetalle. Sie haben einen sehr steilen Anstieg und streben unendlichen Druckwerten zu. Die flach verlaufenden Kurven b dagegen entsprechen den auf den jeweiligen Querschnitt reduzierten effektiven Druckfestigkeiten, die den tatsächlichen Verhältnissen gleichkommen.

Die Abweichungen der Kurven a gegenüber den Kurven b sind lediglich Funktionen

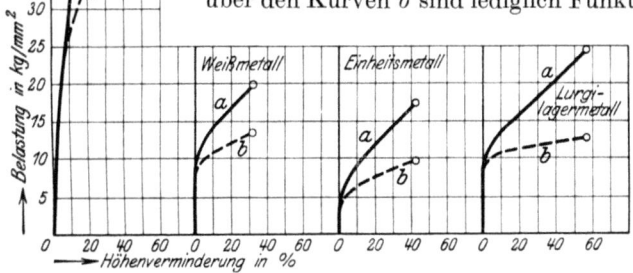

Abb. 68. Stauchdiagramme von Lagermetallen.

der Querschnittsvergrößerung. Sie geben über die wahre Druckfestigkeit des Materials keinen Anhalt.

Vergleicht man den Charakter der Druckfestigkeitskurven, die den Effektivwerten entsprechen und die zur besseren Übersicht in Abb. 69 gesondert dargestellt sind, so können wir folgende bemerkenswerte Tatsachen feststellen: Sämtliche Kurven zeigen anfangs einen sehr steilen Anstieg. Die Punkte, an denen die Kurven von der Geraden abbiegen, entsprechen etwa den Drucklasten, die dem Übergang der vorübergehenden in die bleibende Formänderung zugeordnet sind. Sie liegen bei Rotguß höher als bei Zinnweißmetall und Lurgilagermetall, sehr tief dagegen bei Einheitsmetall. Welche Bedeutung diesen Grenzpunkten für den Konstrukteur zukommt, ist bereits näher erläutert worden.

Für die genaue Bestimmung dieser Punkte eignen sich die Kurven indes nicht (dies ist nur durch Bestimmung der Elasti-

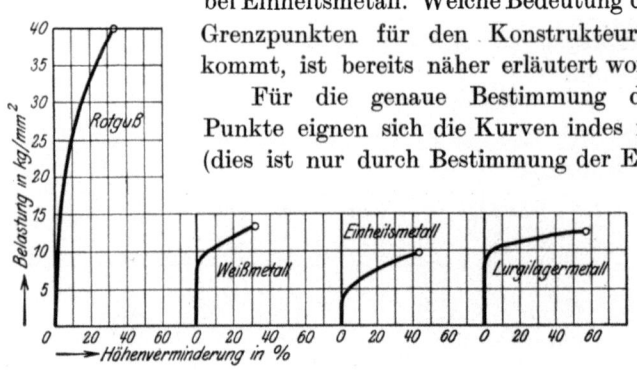

Abb. 69. Stauchdiagramme von Lagermetallen.
(Drucklasten auf den jeweiligen Querschnitt bezogen.)

zitätsgrenze möglich). Sie vermögen infolge ihres groben Maßstabes höchstens nur einen näherungsweisen Anhalt zu geben.

Von diesem Grenzpunkt an verlaufen die Kurven immer schräger und schließlich in ihrem Hauptteil fast wagerecht. Je höher die beiden Kurventeile liegen, um so befähigter ist das Metall zum Tragen hoher Lasten. Dies gilt mehr für den stark gekrümmten Teil der Kurve, als für den wagerecht verlaufenden, da das Lager in jedem Falle verworfen werden muß, wenn es einmal beträchtliche Formänderungen erlitten hat.

Auch hinsichtlich der Tragfähigkeit schneidet das Einheitsmetall ungünstiger ab als das Zinnweißmetall und das Lurgilagermetall, während der Rotguß einen ausgefallen hohen Wert zeigt. Man darf aber nicht übersehen, daß mit der übermäßig hohen Tragfähigkeit auch andere ungünstige Eigenschaften verknüpft sind, die Metalle dieser Art in ihrer Brauchbarkeit stark beeinträchtigen.

Der Endpunkt der Kurven, bei dem bei der Belastung die ersten äußeren Mantelrisse auftreten, gibt ein wichtiges Maß für das Formänderungsvermögen oder die Stauchfähigkeit des Materials. Aber nur dann, wenn die hohe Stauchfähigkeit auch gemeinsam mit hoher Druckfestigkeit auftritt, gewinnt sie erst Bedeutung bei der Bewertung von Lagermetallen.

Zinnweißmetall und Lurgilagermetall stehen einander, wie aus den Kurven ersichtlich, in dieser Hinsicht nicht nach, während Rotguß sehr hohe, Einheitsmetall dagegen recht niedrige Werte aufzuweisen haben. Zahlentafel 11 gibt die Druckfestigkeit und Stauchfähigkeit der vier Lagermetalle wieder.

Zahlentafel 11.

Material	Druckfestigkeit kg/mm^2		Stauchfähigkeit %
	nom.	eff.	
Rotguß	60	40	32
Weißmetall . . .	20	13	34
Einheitsmetall . .	17	9	44
Lurgilagermetall .	24,5	12,5	56

Vielfach wird bei der Aufnahme von Druckdiagrammen über diese Grenze hinausgegangen und der Versuch fortgesetzt, nachdem bereits Bruch erfolgt ist. Dieser Teil der Kurven ist natürlich wertlos, da er mehr oder weniger vom Umfang und von der Art der Bruchbildung abhängt.

4. Härte bei Zimmertemperatur. Auf die werkstättenmäßige Härteprüfung ist bereits unter „Werktechnische Prüfung" kurz verwiesen worden. An dieser Stelle soll das im Materalprüfungswesen übliche Verfahren der Härteprüfung kurz erläutert werden.

Diese Prüfung besteht im Prinzip darin, daß man mit einer gehärteten Stahlkugel unter bestimmter Belastung einen Eindruck auf der ebenen Oberfläche der Metallprobe erzeugt. Die Drucklast, dividiert durch die Projektionsfläche des Eindruckes, ergibt die Härtezahl in kg/qmm nach Brinell-Meyer. Wird der Rechnung statt der Projektionsfläche dagegen die Kugelkalottenfläche zugrunde gelegt, so erhält man die Härte nach Brinell, die gemäß der größeren Fläche zu etwas niedrigeren Werten führt.

In Abb. 70 ist eine der gebräuchlichsten Härteprüfmaschinen wiedergegeben. Sie besteht aus einem gußeisernen Gestell a, das in seinem unteren Teil einer Dezimalwage gleicht und ein Wagehebelsystem trägt. Das Laufgewicht d kann durch die Handspindel e verschoben und auf eine bestimmte Prüflast eingestellt werden. Die Belastung kann bis zur Maximallast von 1000 kg auf 1 kg genau ermittelt werden. Bei der Prüfung wird der Probekörper b auf den Prüftisch g gelegt und der Höhenunterschied der Probe durch Einstellen der Spindel h ausgeglichen.

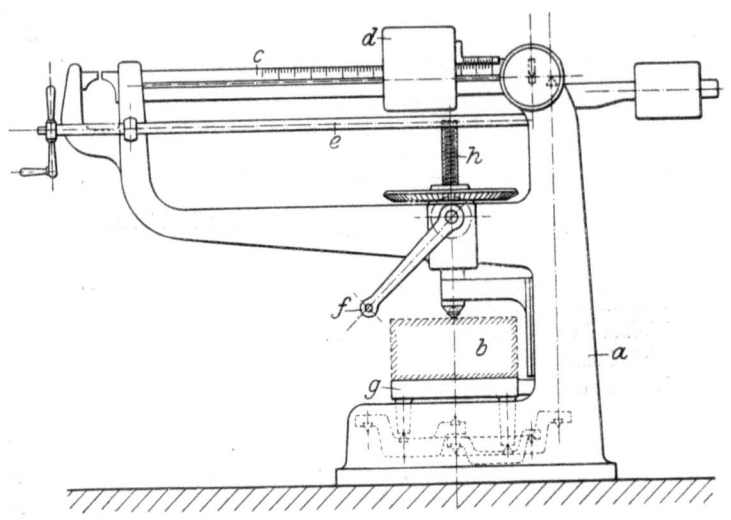

Abb. 70. Härteprüfmaschine. Bauart: Düsseldorfer Maschinenfabrik.

Die Belastung der Probe geschieht durch Drehen der Kurbel f, wodurch der auf die Probe ausgeübte Druck auf den Laufgewichtsbalken c übertragen wird. Man erhält auf diese Weise einen Kugeleindruck, dessen genauer Durchmesser mit dem Meßmikroskop bestimmt wird. Die Härteprüfung erfolgt entweder im Lagerkörper selbst, und zwar tunlichst auf der Innenseite der Schale, oder an Ausgußproben, die unter den gleichen Bedingungen wie die Schale hergestellt wurden. Normale Prüfbedingungen für Lagermetalle sind: 10 mm Kugeldurchmesser und eine Prüflast von 500 kg. Die erforderliche Druckdauer ist bei den einzelnen Lagermetallen etwas verschieden. Bei den härteren Metallen genügen kurze Druckzeiten, während bei den weicheren Metallen längere Druckdauer gewählt werden muß. In folgender Zahlentafel sind neben den Sollhärten die Normalbedingungen für die Prüfung der vier Lagermetalle zusammengestellt:

Zahlentafel 12.

Metall	Kugel-Durchmesser mm	Drucklast kg	Druckdauer in Minuten	Härte im Mittel kg/qmm
Rotguß......	10	500	1	60—80
Zinnweißmetall ..	10	500	3	30—34
Einheitsmetall...	10	500	3	20—25
Lurgilagermetall .	10	500	3	28—36

Wie aus der Zahlentafel hervorgeht, bildet die Härte kein absolutes Kriterium für die Brauchbarkeit eines Lagermetalles. Man kann dies daraus ersehen, daß die Härte des Zinnweißmetalles etwa dreimal kleiner ist, als die des Rotgusses, trotzdem das Zinnweißmetall zu den gebräuchlichsten Lagermetallen gehört. Die Härte ist für die Bewertung der Lagermetalle etwa von dem gleichen Wert, wie die Elastizitätsgrenze und die Druckfestigkeit. Im allgemeinen sind die weniger harten Lagermetalle denen mit hoher Härte vorzuziehen, da Wellenschädigungen bei diesen weniger zu befürchten sind und bei Störungen im Lager nur der Lagerausguß in Mitleidenschaft gezogen wird. Über die besondere Eignung eines Metalles für Lagerzwecke vermag sie nichts auszusagen. Ihr besonderer Wert liegt vielmehr darin, daß den einzelnen Lagermetallen besondere Härtegrade eigentümlich sind, bei denen ihre Gleiteigenschaften ein Optimum besitzen und somit zu ihrer Kennzeichnung die Härteprüfung zweckmäßig verwendet werden kann. Der Betriebsingenieur hat es also in der Hand, sich durch einfache Härteprüfung davon zu vergewissern, ob der Ausguß diesem Optimum entspricht. Ein absoluter Wert für die Bewertung eines Lagermetalles kommt der Härtebestimmung dennoch nicht zu. Die Härteprüfung besitzt außerdem den Wert, daß sie uns auf einfache Weise über die sonstigen mechanischen Eigenschaften des Lagermetalles Aufschluß gibt. Erfahrungsgemäß ist auch die Elastizitätsgrenze und die Druckfestigkeit eines Metalles um so höher, je höher seine Härte ist. Über die Stauchfähigkeit vermag dagegen die Härtebestimmung keinen hinreichenden Aufschluß zu geben.

5. Härte und Druckfestigkeit bei hohen Temperaturen.

Der Härteversuch ist infolge seiner einfachen Ausführungsbedingungen auch noch besonders geeignet, über eine äußerst wichtige Eigenschaft der Lagermetalle Aufschluß zu geben. Es ist nämlich von hohem Wert, zu wissen, wie sich die Lagermetalle auch bei erhöhten Temperaturen verhalten, da es für ihre Beurteilung keineswegs genügt, nur über ihre Eigenschaften bei Raumtemperaturen unterrichtet zu sein, zumal die Betriebstemperatur der Lager stets von der Raumtemperatur stark ab-

Härte von Lagermetallen in Funktion der Temperatur.

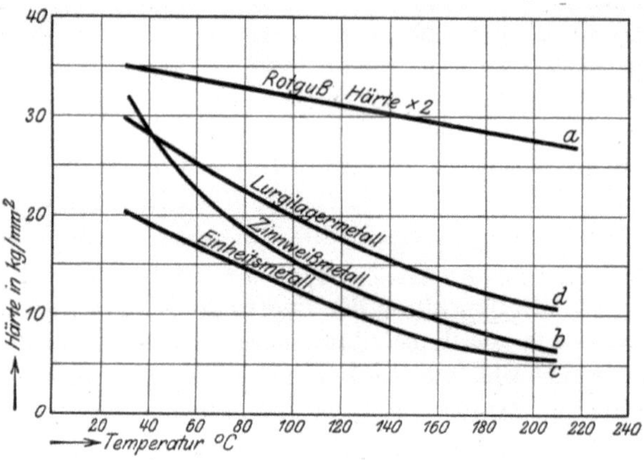

Abb. 71.

weicht. Die mittlere Betriebstemperatur dürfte in der Regel zwischen 40° und 60° liegen. Bei der Beurteilung von Lagermetallen wird auf diesen Umstand noch viel zu wenig Rücksicht genommen, wiewohl nicht selten die Prüfung weniger wichtiger Eigenschaften mit großem Aufwand erfolgt. Es kann dann leicht vorkommen, daß ein Lagermetall bei gewöhnlichen Temperaturgraden noch eben gut brauchbar ist, dagegen in den kritischen Temperaturbereichen vollkommen versagt.

In Abb. 71 sind einige Ergebnisse graphisch dargestellt, die über das Verhalten der vier Lagermetalle in der Wärme Aufschluß geben. Kurve a gibt die Härteabnahme des Rotgusses wieder; die Diagrammwerte für Rotguß sind mit 2 zu multiplizieren, da sie nur im halben Maßstab eingetragen sind.

In den Kurven b und c ist das Verhalten von Zinnweißmetall und Einheitsmetall wiedergegeben, während Kurve d dem Lurgilagermetall entspricht. Der Wärmeeinfluß auf die Härte des Rotgusses ist im Hinblick auf die übrigen Metalle nur gering. Die Kurven des Zinnweißmetalles und Einheitsmetalles weisen dagegen einen ziemlich starken Abfall auf, während die Lurgilagermetallkurve wesentlich günstiger verläuft. Durch Temperatursteigerung wird demnach seine Härte weniger beeinflußt als die des Einheits- und Zinnweißmetalles. Dies gibt vielleicht eine der wichtigsten Erklärungen dafür, warum nach den bisherigen Erfahrungen das Lurgilagermetall sich so vorzüglich bewährt hat.

Zum Vergleich sind auch die Druckfestigkeiten der einzelnen Lagermetallarten (außer Rotguß, da dieser nur wenig beeinflußt wird) bei verschiedenen Wärmegraden in Abb. 72—83 wiedergegeben, und zwar bei Zimmertemperatur Abb. 72—74, bei 50° Abb. 75—77, bei 100° Abb. 78—80, bei 150° Abb. 81—83. Die ausgezogenen Kurven entsprechen der nominellen Druckfestigkeit, die gestrichelten der effektiven Druckfestigkeit. Die Druckkurven zeigen grundsätzlich den gleichen Verlauf wie die Warmhärtekurven. Sie sind nicht durch Interpolation gewonnen, sondern so verwendet, wie sie vom Diagrammschreiber aufgezeichnet wurden. Die vereinzelt auftretenden Unregelmäßigkeiten erklären sich auf diese Weise.

Auch bei diesen Versuchen hat sich das Einheitsmetall dem Zinnweißmetall und Lurgilagermetall als weit unterlegen erwiesen, während das Lurgilagermetall wie bei den Warmhärteversuchen das Zinnweißmetall nicht unerheblich übertrifft.

Von besonderer Wichtigkeit ist es, daß die Kurve des Lurgilagermetalles die Kurven des Zinnweißmetalles und Einheitsmetalles beinahe in ihrem ganzen Verlauf übertrifft. Dieses Verhalten kann dann von besonderem Wert sein, wenn das Lager anormalen Betriebsbedingungen, bzw. dem Heißlaufen ausgesetzt ist. Bei Maschinen, bei denen die Wärmeableitung nur mangelhaft ist, kommt es nicht selten vor, daß die Lagerkörper Betriebstemperaturen von 100° und darüber aufweisen. In diesem Fall ist es selbstverständlich vorteilhaft, ein Lagermetall zu verwenden, das durch die erhöhte Temperatur nur wenig beeinflußt wird. Auch bei vorübergehenden anormalen Betriebsbedingungen, die sowohl durch mangelhafte Schmierung, als auch durch übermäßige Beanspruchung bedingt sein können, wird ein solches Lagermetall sich im Betriebe als besonders vorteilhaft erweisen.

72 Prüfungstechnisches.

6. Nachhärtung. Verfolgt man die Härte der hier behandelten Metalle in Funktion der Temperatur, so kann man bei Lurgilagermetall die Beobachtung machen, daß die Kurven der Erhitzung

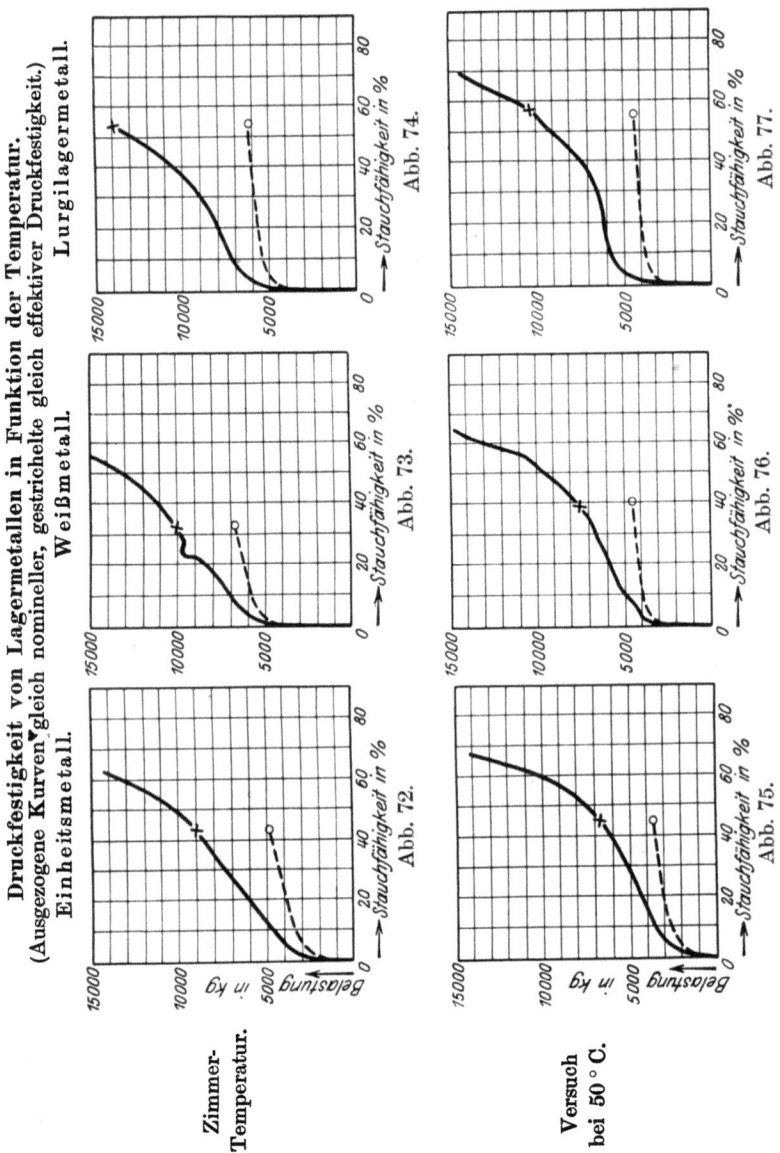

Materialprüfungstechnisches.

und Abkühlung nicht immer wie bei den anderen Lagermetallen die gleichen Werte ergeben. Dieser Umstand ist darauf zurückzuführen, daß das Lurgilagermetall Nachhärtungserscheinungen

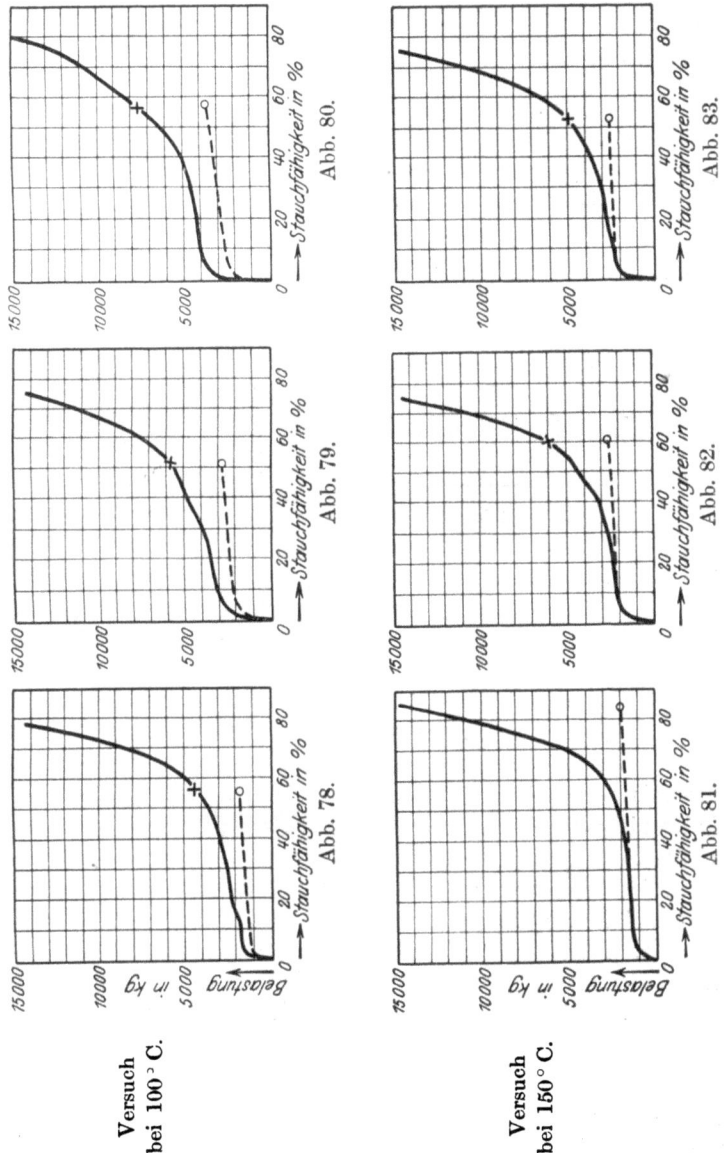

zeigt. Beim Lagern kann daher die Härte des Metalles sich um einige Härtegrade selbsttätig erhöhen. Wird für den Warmhärteversuch eine Legierung verwendet, deren Werte durch Nachhärtung nicht beeinflußt sind, so deckt sich die Kurve der Erhitzung mit der der Abkühlung gemäß Abb. 71, Kurve d. War die Legierung dagegen bereits nachgehärtet, so liegt die Kurve der Abkühlung stets unter der der Erhitzung (siehe Abb. 84, gestrichelte Kurve e). Die Fläche, die die beiden Kurven d und e einschließen und die in der Abbildung schraffiert ist, entspricht dem Bereich der Nachhärtung. Die Kurven d, e sind um so mehr voneinander entfernt, je höher der Grad der Nachhärtung ist, und schließen eine um so größere Fläche ein. Bei wenig nachgehärtetem Metall rückt die gestrichelte Kurve e immer näher an Kurve d heran, und sie decken sich völlig bei frisch gegossenem Metall. Man wird also bei Lurgilagermetall stets mit einer etwas höheren Härte während des Betriebes zu rechnen haben als mit der bei der Prüfung ermittelten. Diese Differenz ist indes nicht erheblich und dürfte in der Regel 10% nicht übersteigen.

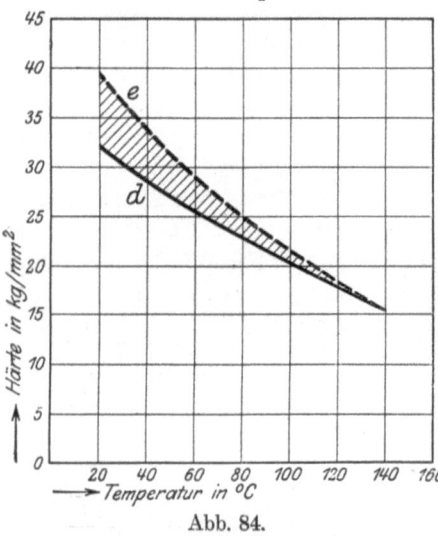

Nachhärtung von Lurgilagermetall in Funktion der Temperatur.

Abb. 84.

Die Nachhärtung des Lurgilagermetalles kann durch Erwärmen bei hohen Temperaturen (künstliches Altern) beschleunigt werden. Man erreicht dann die gleichen Effekte, zu denen sonst Tage oder Monate erforderlich sind, in der Zeitdauer von einigen Stunden. Bei je höherer Temperatur die Alterung erfolgt, um so schneller geht sie vonstatten. Dies geht indes nur bis zu einer bestimmten kritischen Temperatur; bei der Überschreitung dieser Temperatur wird die Nachhärtung aufgehoben. Diese Temperatur liegt bei ungefähr 100°. Eine eindeutige Erklärung dieses auffälligen Verhaltens der Legierung kann, wie bei allen Nachhärtungserscheinungen, zurzeit noch nicht gegeben werden.

Die bei erhöhten Temperaturen ermittelte Härte und Stauchfähigkeitszahlen von Lurgilagermetall (vgl. Abb. 71—83) wurden mit nicht nachgehärtetem Metall durchgeführt, so daß die Nachhärtung auf die Ergebnisse ohne Einfluß war.

C. Metallographische Prüfung.

1. Allgemeines. Während die Elastizitätsgrenze, Stauchfähigkeit, Druckfestigkeit und Härte in konstruktionstechnischer Hinsicht Aufschluß über die Brauchbarkeit eines Lagermetalles zu geben vermag, ist für die Beurteilung der Gleiteigenschaften eines Metalles der Gefügeaufbau von ausschlaggebender Bedeutung. Vielfach werden aber aus der metallographischen Prüfung zu weitgehende Schlußfolgerungen gezogen, es muß daher von einer Überschätzung der metallographischen Untersuchungsergebnisse, sofern es sich um die endgültige Begutachtung eines Lagermetalles handelt, gewarnt werden. Wenn auch nicht geleugnet werden soll, daß die metallographische Prüfung Aufschlüsse über mancherlei Eigenschaften der Lagermetalle geben kann, die sich der Prüfung durch andere Verfahren gänzlich entziehen, so liegt doch der uneingeschränkte Wert der metallographischen Prüfung mehr auf der Seite der Material- und Betriebsüberwachung, als auf der Seite der zahlenmäßigen Qualitätsbezifferung. Ist das Gefüge der Fabrikate von gleichmäßiger Beschaffenheit, so wird man annehmen dürfen, daß die Herstellung des Gusses unter den gleichen Betriebsbedingungen erfolgte; zeigt es hingegen in seinem Aufbau Abweichungen, so wird man auf veränderte Betriebsbedingungen schließen müssen.

Hier kommen in erster Linie Abweichungen in der chemischen Zusammensetzung in Frage (auf Einzelheiten ist bereits in Abschnitt „Schmelztechnisches" hingewiesen worden). Des weiteren können aus den Eigenschaften der einzelnen Gefügebestandteile gelegentlich auch Schlüsse auf andere Eigenschaften gezogen werden, ebenso wie die Korngröße der Metalle nach dem Ausguß Schlüsse auf die Dauer und Art der Abkühlung zuläßt.

Als allgemeiner Gesichtspunkt darf ferner gelten, daß, so verschieden auch das Gefüge der einzelnen Lagermetalle sein mag, sie sich in einer Beziehung doch zu ähneln pflegen, und zwar hinsichtlich der Verschiedenartigkeit (Heterogenität) der einzelnen Strukturelemente.

Im folgenden sollen die hauptsächlichsten Gefügemerkmale der vier Lagermetalle einer näheren Erörterung unterzogen werden.

2. Rotguß. Abb. 85 und 86 gibt das Gefüge von Rotguß wieder. Die harten zinnreichen Zonen a liegen in der kupferreichen, daher etwas nachgiebigeren Grundmasse b eingebettet, c sind Anteile einer in Spuren vorhandenen sehr zinnreichen Kristallart, die nur in der stärker vergrößerten Abb. 86 sichtbar ist. Abb. 86, 87 und 88 zeigen das gleiche Gefügebild, nur ist in Abb. 87 der Schliff linkseitig, in Abb. 88 dieser rechtseitig beleuchtet und läßt auf diese Weise das Flachrelief besonders schön hervortreten. Daß es sich bei den drei letzten Abbildungen um die gleiche Schliffstelle handelt, erkennt man leicht aus dem charakteristischen T-artig geformten Gefügeaggregat d.

Hinsichtlich der Mechanik des Gleitvorganges ist etwa folgendes zu sagen. Die Welle lastet vornehmlich auf den harten Einschlüssen a. Das System bildet also gewissermaßen eine Art Spitzenauflagerung. Beim Einlaufen entsteht infolge der mechanischen Widerstandsunterschiede der verschiedenen Gefügebestandteile auf der Lauffläche ein mikroskopisch feines Flachrelief. Das Öl verteilt sich zwischen den einzelnen Inseln netzartig über die ganze Lauffläche. Die Reibung wird bei vollkommener Schmierung auf ein Minimum herabgesetzt. Das Einlaufen dieser Lager geschieht mehr durch Fortschleifen der Unebenheiten und der Gleithemmnisse, als durch Nachgeben der Grundmasse. Daher kann bei unbelasteten Wellenzapfen und beim Versagen der Schmierung ein Ansetzen des Lagermetalles leichter erfolgen, als bei den in dieser Hinsicht nachgiebigeren Zinn- oder Bleilagermetallen.

Von besonderer Bedeutung ist noch, daß zwischen Gefügeaufbau und der Neigung eines Lagermetalles zum Ansetzen gewisse Zusammenhänge bestehen, und zwar steigt die Neigung zum Ansetzen mit dem Grade der Homogenität des Metalles. In Abb. 89 ist das Gefüge einer Rotgußlegierung wiedergegeben, die durch Ausglühen in einen gleichmäßigen (homogenisierten) Gefügezustand übergeführt worden ist. Dadurch fand ein Ausgleich zwischen den zinn- und kupferreichen Zonen statt. Die einzelnen Kristalle weisen in allen Teilen gleichmäßige Zusammensetzung auf. Derart homogenisierter Rotguß ist für Lagerzwecke, wie die Erfahrung lehrt, nicht mehr verwendbar, da er ein sofortiges Ansetzen des Lagers verursacht.

Metallographische Prüfung.

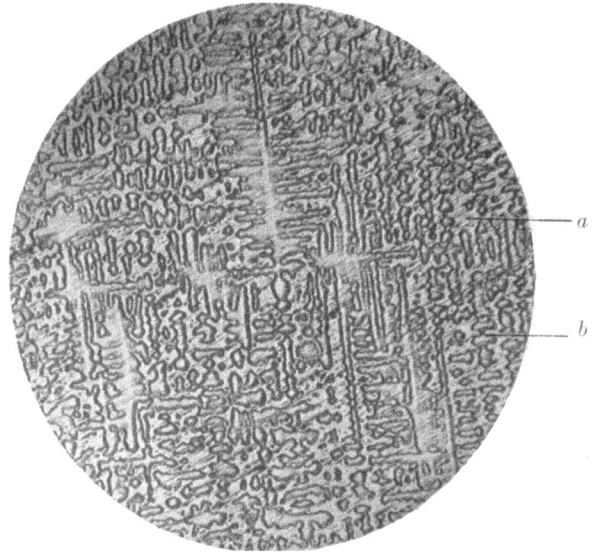

Abb. 85. Gefüge von normalem Rotguß ätzpoliert mit ammoniakgetränktem Wattebausch. Lineare Vergr. 50.

Abb. 86. Material wie in Abb. 85, aber stärker vergrößert. Ätzpoliert mit ammoniakgetränktem Wattebausch. Lineare Vergr. 75.

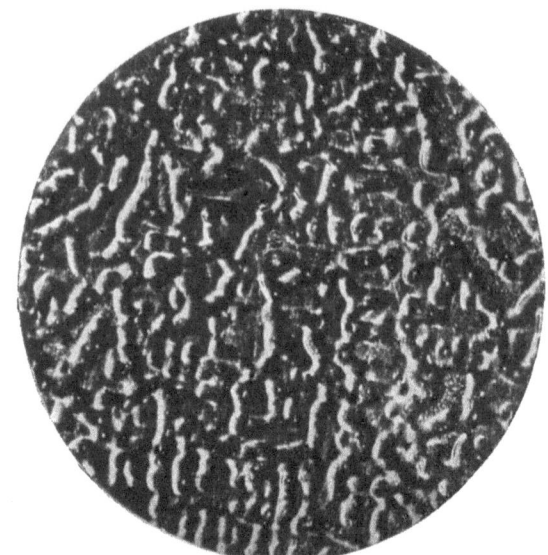

Abb. 87. Die gleiche Stelle, wie in Abb. 86, linksseitig beleuchtet.
Lineare Vergr. 75.

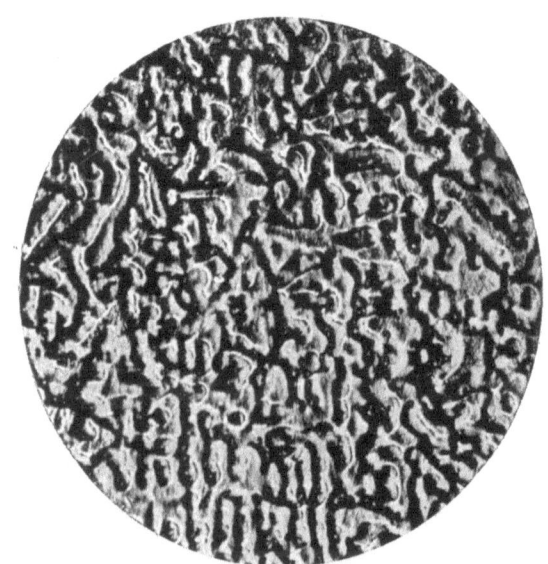

Abb. 88. Die gleiche Stelle, wie in Abb. 86, rechtseitig beleuchtet.
Lineare Vergr. 75.

Metallographische Prüfung. 79

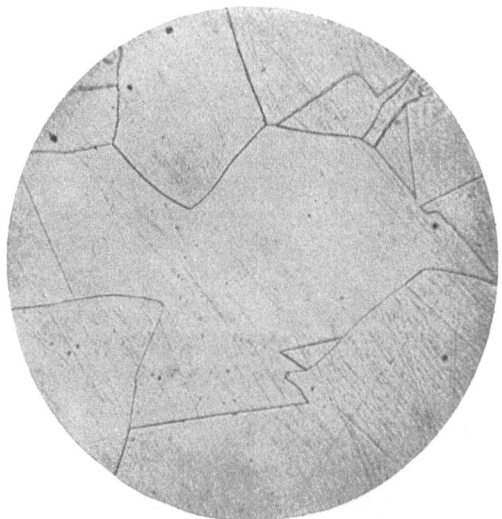

Abb. 89. Durch Glühen verdorbener Rotguß. Ätzpoliert mit ammoniakgetränktem Wattebausch. Lineare Vergr. 250.

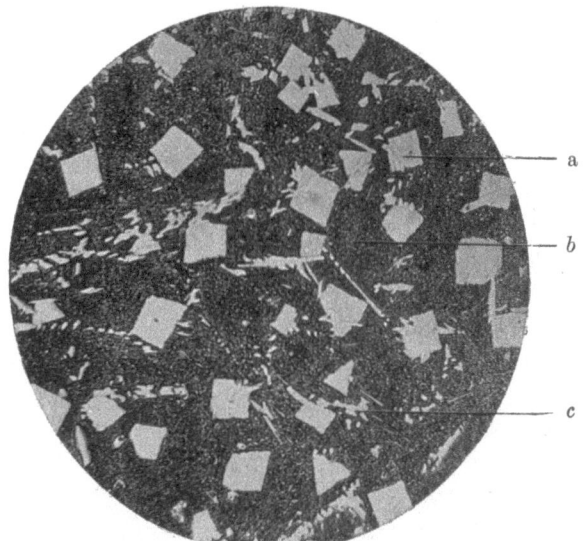

Abb. 90. Gefüge des normalen Zinnweißmetalles. Geätzt mit heißer Schwefelsäure 1 : 1. Lineare Vergr. 150.

Was dem Rotguß seinen besonderen Wert gibt, ist seine hohe Tragfähigkeit, die diejenige der übrigen Lagermetalle weit übertrifft. Diese Eigenschaft ist indes kein ausschlaggebendes Kriterium für die Gleiteigenschaften und, was in Abhängigkeit hierzu steht, für die Brauchbarkeit eines Lagermetalles im Betriebe. Bis vor kurzem hat man auf diesen Umstand, daß der Wert der Rotgußlegierungen nur in ihrer hohen Tragfähigkeit zu suchen ist, wenig Rücksicht genommen und hat die teuren Rotgußlegierungen wahllos auch überall dort angewandt, wo sie gegenüber den anderen Weißmetallen nicht nur keinerlei Vorteile zu bieten vermochten, sondern im Gegenteil infolge erhöhter Zapfenreibung und dergleichen nur Lager- und Zapfenverschleiß vergrößerten.

3. Zinnweißmetall. Abb. 90 gibt das Gefüge von Weißmetall wieder. Die harten viereckigen Einschlüsse a, die aus Zinn-Antimon (Betamischkristalle) bestehen, liegen in einer bildsamen Grundmasse b eingebettet, c sind Anteile einer in Spuren vorhandenen Antimon-Kupferkristallart.

Die Mechanik des Gleitvorganges ist hier grundsätzlich von der des Rotgußmetalles nicht verschieden. Nur geschieht das Einlaufen des Lagers mehr durch Nachgeben der Grundmasse, als durch Fortschleifen der Unebenheiten und Gleithemmnisse. Übersteigt nämlich beim Einlaufen des Lagers der Lagerdruck ein gewisses Maß, was beim Ecken oder falschen Anliegen der Welle stets der Fall ist, so gibt infolge ihrer Bildsamkeit die Grundmasse unter Vergrößerung der Auflagefläche (Spiegel oder Plana) nach. Beim Zinnweißmetall wird die „Spitzenauflagerung" noch in wesentlich höherem Maße erreicht, wie beim Rotguß. Die Reibung wird dadurch bei vollkommener Schmierung auf ein Minimum herabgesetzt, und dies erklärt auch offenbar den geringen Reibungswiderstand des Zinnweißmetalles, sowie der dem Zinnweißmetall ähnlichen Legierungen. Da fernerhin das Zinnweißmetall wesentlich nachgiebiger und die einzelnen Strukturelemente weniger hart sind als die des Rotgusses, so tritt eine Beschädigung der Welle bei diesen Legierungen bei mäßigem Heißlaufen nicht ein. Das Gefüge des Zinnweißmetalles kann daher mit gutem Recht als Urtyp des Gefüges eines brauchbaren Lagermetalles gelten. In der Tat finden wir auch bei allen bewährten Lagermetallen diese Grundvoraussetzungen metallographischer Art erfüllt.

4. Einheitsmetall. Das Gefüge des Einheitsmetalles ist in Abb. 91 wiedergegeben. Die weißen, vornehmlich viereckigen

Einschlüsse a, die aus Zinn-Antimon bestehen (Deltamischkristalle), liegen in einer eutektischen Grundmasse b (Blei + Beta, Delta-Zinn-Antimon-Eutektikum). Die dunkleren Inseln c entsprechen keinem besonderen Gefügebestandteil, sondern rühren von Bleianreicherungen her. Die Neigung der Legierung, derartige Bleinester in sehr hohem Maße zu bilden, ist insofern von besonderem Nachteil, als die an sich niedrige Tragfähigkeit des Metalles dadurch noch weiter herabgesetzt wird. Diesen Übelstand durch besondere

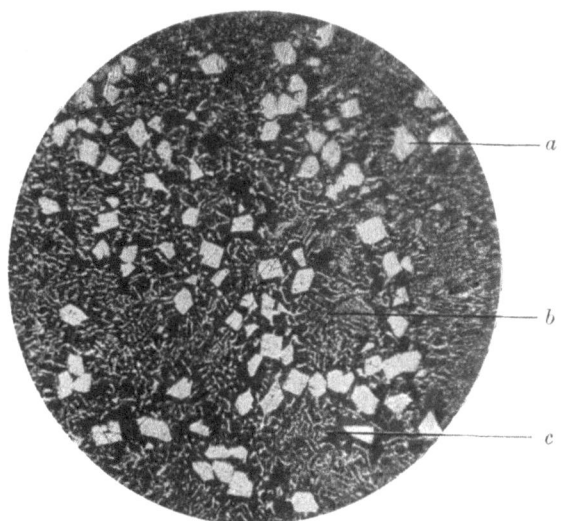

Abb. 91. Gefüge des normalen Einheitsmetalles. Geätzt mit heißer Schwefelsäure 1:1. Lineare Vergr. 150.

Behandlung der Legierung zu beseitigen, bietet erhebliche Schwierigkeiten. Andererseits ist es nicht möglich, auf legierungstechnischem Wege die Härte dieser Einschlüsse zu erhöhen, da die meisten der bekannten Legierungszusätze von der Grundmasse nicht aufgenommen werden. Das Einheitsmetall zeigt im übrigen einen verhältnismäßig günstigen Gefügeaufbau, wenn auch die Einschlüsse in ihrer Qualität von denen der Zinnweißmetalle abweichen und in geringeren Mengen auftreten. Nur infolge der geringen Tragfähigkeit konnte diese sonst günstig aufgebaute Legierung in den Betrieben keinen festen Fuß fassen. Für sehr schwach beanspruchte Lager kann aber auch diese Legierung vielfach Verwendung finden.

Hinsichtlich des Gleitvorganges und des Vorganges beim Einlaufen ergeben sich keine grundsätzlichen Unterschiede den beiden ersten Metallen gegenüber.

5. Lurgilagermetall. Das Kleingefüge des Lurgilagermetalles, wie es die Abb. 92 wiedergibt, ähnelt in hohem Grade dem des zinnreichen Weißmetalles. Die hellen Zonen a, denen eine beträchtliche Härte zukommt, liegen in der etwas nachgiebigeren eutektischen Grundmasse b, c sind Anteile einer in Spuren vorhandenen

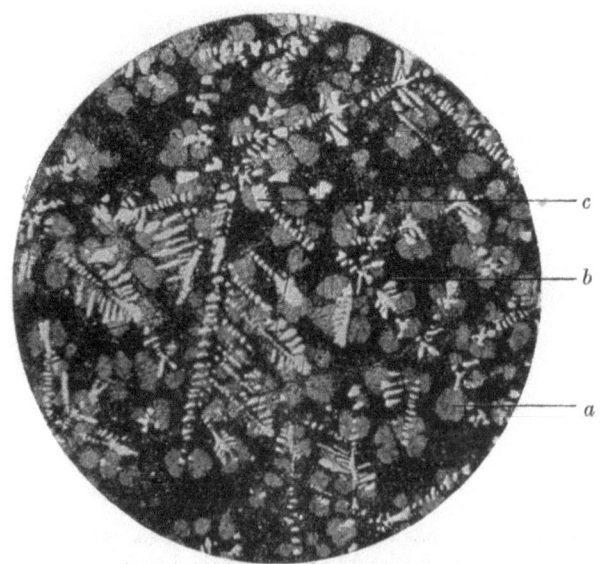

Abb. 92. Gefüge des Lurgilagermetalles. Geätzt durch Anlaufenlassen an der Luft. Lineare Vergr. 150.

dritten Kristallart. Die Größe der Gefügebestandteile ist ziemlich gleich- und die Art der Anordnung regelmäßig. Der Gefügeaufbau bietet somit ein recht günstiges Bild.

Auch bei diesem Lagermetall ist die Mechanik des Gleitvorganges von der der anderen typischen Lagermetalle nicht verschieden. Hinsichtlich des größeren Anpassungsvermögens der Grundmasse, sowie der geringen Gefahr des Ansetzens des Zapfens beim Versagen der Schmierung, sowie hinsichtlich der Tragkraft steht die neue Legierung auf gleicher Stufe mit den zinnreichen Weißmetallen und übertrifft sie sogar zum Teil.

Metallographische Prüfung.

6. Technologischer Wert der Prüfung. Wenn es auch als erwiesen gelten darf, daß die Verschiedenartigkeit (Heterogenität) des Gefüges als unbedingte Voraussetzung für die Brauchbarkeit von Lagermetallen anzusehen ist, so darf andererseits etwa nicht rückgeschlossen werden, daß auch jede Legierung, die ein heterogenes Gefüge aufweist, schon ein gutes Lagermetall sei. Es müssen vielmehr noch eine Reihe anderer Faktoren erfüllt werden. Nur eine umfassende Prüfung, die auf den ursächlichen Zusammenhang der Eigenschaften gestützt ist, kann erst über die endgültige Brauchbarkeit eines Lagermetalles entscheiden.

7. Korngröße. Insonderheit sei noch erwähnt, daß durch schnelle Abkühlung die Korngröße der Metalle und Legierungen verringert wird. Durch langsame Abkühlung hingegen kann das Korn vielfach derart vergröbert werden, daß die Eigenschaften der Legierungen schädlich beeinflußt werden.

In Abb. 93 ist das Gefüge von übermäßig langsam erstarrtem Zinnweißmetall wiedergegeben. Infolge des groben Kornes ist das Metall äußerst brüchig und als Lagermetall wenig geeignet. Zinnweißmetall, das derart grobes Korn aufweist, wird im allgemeinen im Gegensatz zu den „verbrannten Metallen" (siehe diese) als „überhitzt" bezeichnet. Abb. 94, 95, 96 veranschaulichen die gleiche Erscheinung bei Einheitsmetall, Lurgilagermetall und bei Rotguß.

8. Seigerung und Lunkerbildung. Die metallographische Untersuchung ist ferner von Wert für die Beurteilung der Beschaffenheit des Gefüges hinsichtlich seiner Gleichmäßigkeit. Besonders bei Verwendung von Einheitsmetall kommen Entmischungen häufig vor und zwar in um so höherem Maße, je langsamer die Erstarrung erfolgt war. In Abb. 97 ist das Gefüge einer derart entmischten Legierung veranschaulicht. In stärkerer Vergrößerung ist die Erscheinung in den Abb. 98 und 99 wiedergegeben; Abb. 98 ist vom Kopfende eines Blöckchens entnommen und läßt deutlich eine Anreicherung der harten Einschlüsse gegenüber der Abb. 99 erkennen, die dem Fußende des Blöckchens entstammt. Derart entmischte Zonen können leicht zu Störungen Anlaß geben, wenn sie im Bereich der Lauffläche auftreten. Zinnweißmetall und Lurgilagermetall neigen nur wenig zu Entmischungen, ebenso Rotguß.

Bei einigen Metallen werden diese Art Entmischungen noch von Hohlraumbildung begleitet. In besonders hohem Maße ist dies, wie Abb. 100 veranschaulicht, bei Rotguß der Fall. Durch

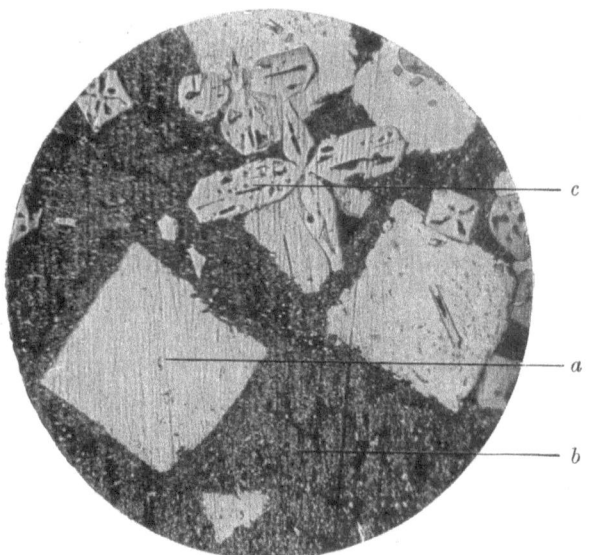

Abb. 93. Überhitztes, grobkörniges Zinnweißmetall. Geätzt mit heißer Schwefelsäure. 1:1. Lineare Vergr. 150.

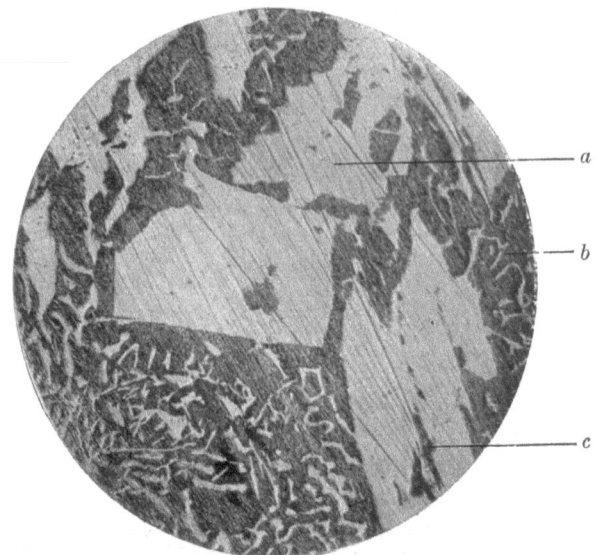

Abb. 94. Überhitztes, grobkörniges Einheitsmetall. Geätzt mit Schwefelsäure 1:1. Vergr. 150.

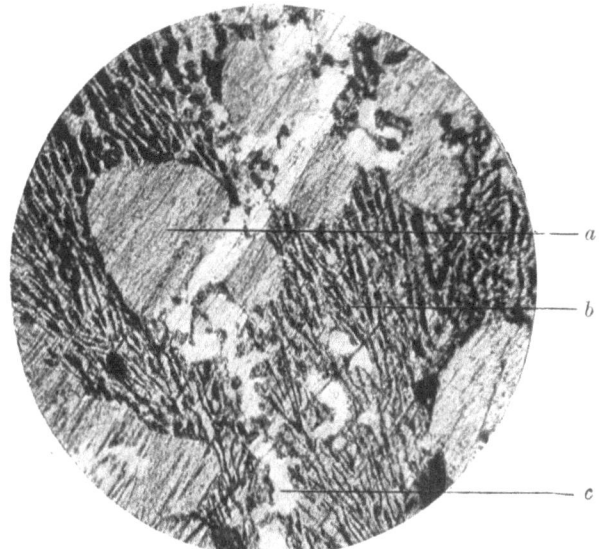

Abb. 95. Überhitztes, grobkörniges Lurgilagermetall. Geätzt durch Anlaufenlassen an der Luft. Lineare Vergr. 150.

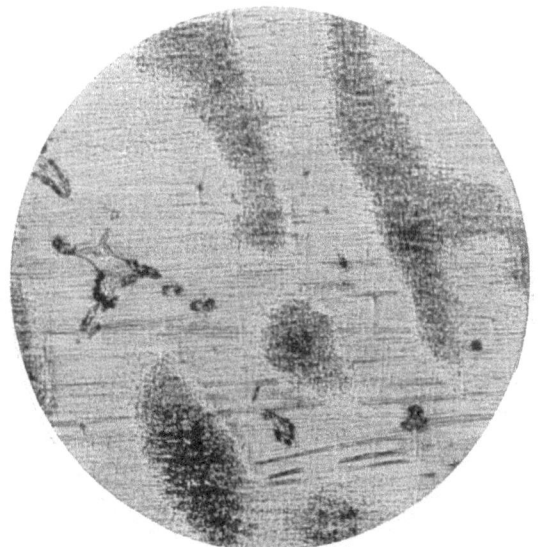

Abb. 96. Überhitzter, grobkörniger Rotguß. Geätzt mit ammoniakgetränktem Wattebausch. Lineare Vergr. 150.

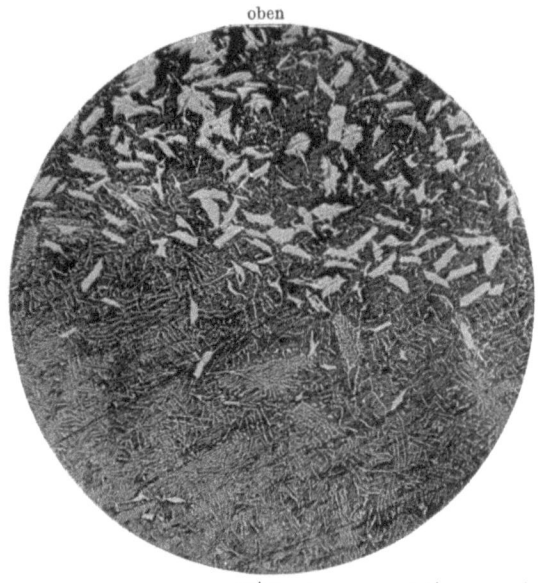

Abb. 97. Geseigertes Einheitsmetall. Geätzt mit heißer Schwefelsäure 1 : 1.
Lineare Vergr. 50.

Abb. 98. Geseigertes Einheitsmetall. Detail aus Abb. 97 (Kopfende).
Geätzt mit heißer Schwefelsäure 1 : 1. Lineare Vergr. 150.

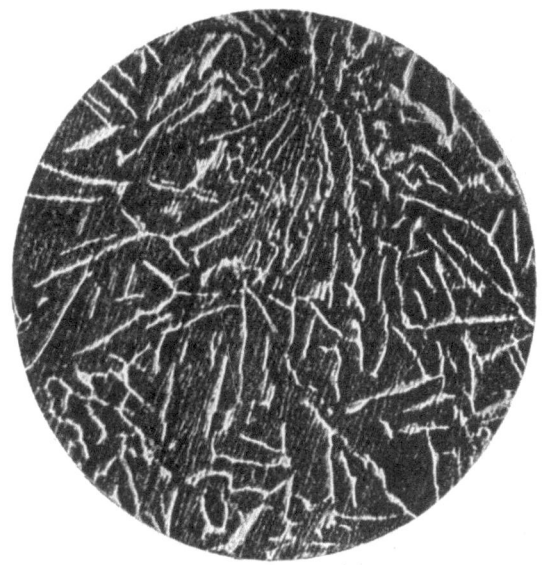

Abb. 99. Geseigertes Einheitsmetall. Detail aus Abb. 97 (Fußende).
Geätzt mit heißer Schwefelsäure 1:1. Lineare Vergr. 150.

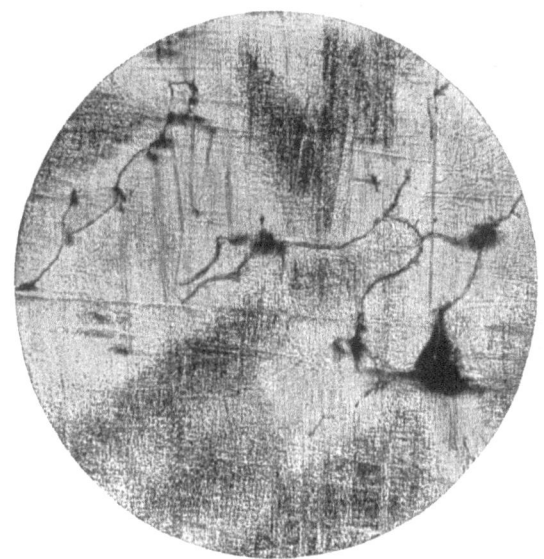

Abb. 100. Langsam erstarrter Rotguß mit Hohlräumen. Lineare Vergr. 50.

langsames Erstarren wird nämlich die Ausbildung großer tannenbaumartig verzweigter Kristalle in der Schmelze begünstigt. Dadurch entstehen häufig Hohlräume zwischen den einzelnen Kristallästen, so daß ein genügender Zufluß von Schmelze auf diese Weise vielfach unterbunden wird. Dazu tritt noch die zeitlich verschiedene Kristallisation der einzelnen Gefügebestandteile hinzu und trägt noch sehr zur Vergrößerung des Übelstandes bei. Rotgußschalen können auf diese Weise derart von Poren und Lunkerräumen durchsetzt werden, daß sie bei der Prüfung verworfen werden müssen.

VI. Konstruktionstechnisches und Betriebstechnisches.

Bevor auf das Sonderverhalten der einzelnen Lagermetalle eingegangen wird, sollen noch einige Punkte allgemeiner Art kurz besprochen werden. Sie sind sowohl im Betriebe, wie bei der Prüfung von Lagermetallen von ausschlaggebender Bedeutung und dürfen keineswegs außer acht gelassen werden, wenn ein erfolgreicher Betrieb gewährleistet werden soll.

Das Heißlaufen eines Lagers braucht nicht immer durch schlechtes Metall, sondern kann vielfach auch durch die Konstruktion des Lagers selbst, oder durch ungenügende Ölluft, falsche Anordnung der Nuten, sowie durch unzweckmäßige Schmierung usw. verursacht sein.

1. Einstellbarkeit. Ein Umstand, auf den bis jetzt weder im Betriebe, noch beim Bau von Maschinen genügend Rücksicht genommen wurde, ist die selbsttätige Anpassungsfähigkeit des Lagers an die Welle. Es ist dies ein sehr wichtiger Faktor, bei dessen Außerachtlassen ein erfolgreicher Betrieb, selbst mit den besten Lagermetallen, unter Umständen in Frage gestellt werden kann. Man kann noch vielfach Lagern begegnen, die sich der Welle nur durch eine mehr oder weniger lange Einlaufzeit anpassen können. Die Lager a sind starr auf ihrem Sockel, die Schale b starr im Lagerkörper befestigt, etwa gemäß Abb. 101 und 102. Bei solcher Lagerkonstruktion wird eine einseitige Belastung selbst bei sorgfältigstem Aufpassen des Zapfens an die Schale eintreten, da zu erwarten ist, daß sich die Welle immer, wenn auch elastisch, etwas durchbiegt.

Ein Lager kann nur dann den höchsten Anforderungen entsprechen, wenn die zur Verfügung stehende Tragfläche axial vollständig ausgenützt wird und der Druck der Welle sich gleichmäßig über die ganze Länge verteilt. Dies wird dadurch erreicht, daß die Schale nur an einem Punkt gelagert wird, derart, daß eine Drehung in vertikaler Richtung um diesen Punkt möglich wird.

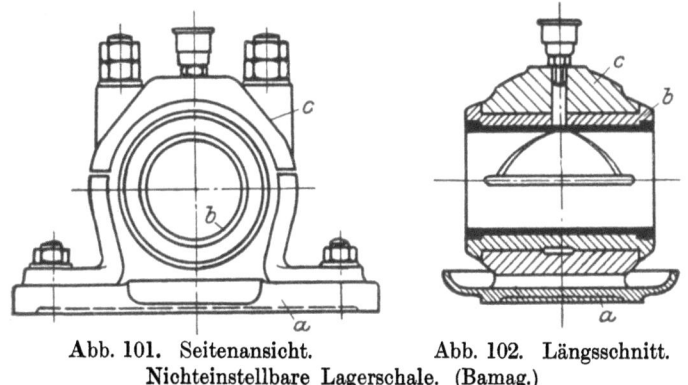

Abb. 101. Seitenansicht.   Abb. 102. Längsschnitt.
Nichteinstellbare Lagerschale. (Bamag.)

Das Lager ist „selbsteinstellend" und kann ohne irgendwelche übermäßige Belastung der Schalenkanten den Durchbiegungen der Welle leicht folgen. Die Lagerschale b, die in dem Körper a ruht,

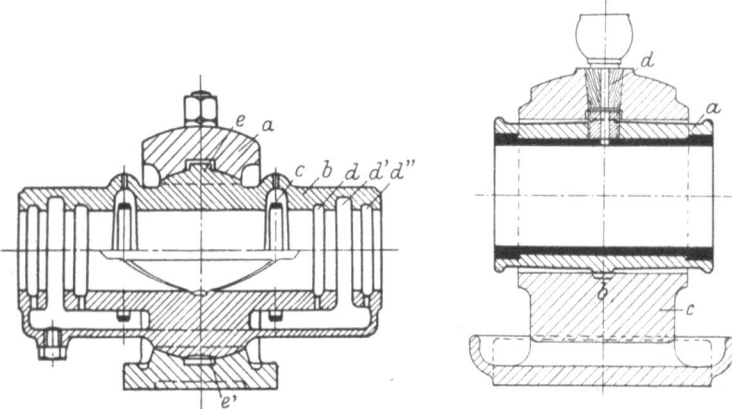

Abb. 103. Selbsteinstellbare Lagerschale mit Kalottenauflage. (Bamag.)   Abb. 104. Selbsteinstellbare Lagerschale mit ringflächenartiger Auflagerung.

kann in einer Kalotte ee' nach Abb. 103 aufliegen; c ist der Ring für die Schmierung, d, d', d'' Abstreifungen für das Öl. Das gleiche kann dadurch erreicht werden, daß die Schale a auf einem schmalen Streifen b nach Abb. 104 im Lagerkörper c aufliegt. Eine Belastung der Auflageflächen über die zulässige Beanspruchung hinaus ist nicht zu befürchten.

Unzweckmäßig gelagerte Schalen können vielfach ohne große Umänderung in „selbsteinstellbare" umgewandelt werden. Wie aus den Abb. 105 und 106 zu ersehen, ist die Änderung geringfügig. Die Kraftersparnis in der Antriebsmaschine ist hingegen oft

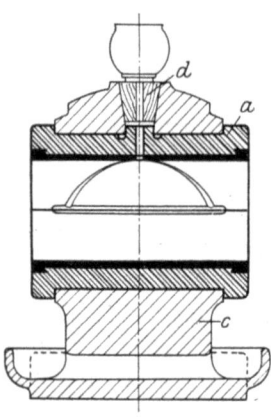 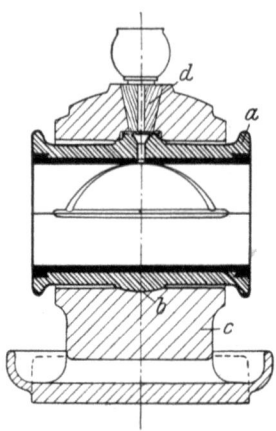

Abb. 105. Lager, gemäß Abb. 104. ohne Selbsteinstellung (Bamag.)　　Abb. 106. Lagerschale, gemäß Abb. 105, in selbsteinstellbare umgebaut.

sehr erheblich. Wo diese Anordnung der Lager nicht durchführbar ist, muß dieser Mangel durch möglichst reichliche Schmierung (siehe diese) ausgeglichen werden.

2. **Ölluft.** Um bei einem Lager die günstigsten thermischen Betriebsbedingungen zu erzielen, ist es notwendig, denjenigen wichtigen Fragen, die Ölluft betreffend, genügende Aufmerksamkeit zu schenken. Bereits bei der Bearbeitung einer Lagerschale muß man sich darüber klar sein, welchen Durchmesser man der Lagerschale in bezug auf den zugehörigen Wellenzapfen zugrunde legen will. Für die Abmessungen der Bohrung und des Zapfendurchmessers müssen die zulässigen Grenzen bekannt sein, innerhalb welcher die Sollmaße schwanken können, ohne nachteilige Wirkungen hervorzurufen.

Die richtige Bemessung der Ölluft ist ein äußerst wichtiger Faktor für den rationellen Betrieb eines Lagers. Durch den als „Ölluft" bezeichneten Zwischenraum fließt der ganze Ölstrom, der die Welle trägt und den größten Teil der Reibungswärme aufnimmt, hindurch. Er ist bestimmend für die Dicke des Ölpolsters, das während des Betriebes zwischen Welle und Lager verbleibt. In den Abb. 107—109 (der Deutlichkeit wegen stark übertrieben gezeichnet) stellt a die Welle, b die Lagerschale, c den freien Spalt für den Ölumlauf dar. Ist das Lager außer Betrieb, so ruht die Welle a in f (Abb. 107) auf der Schale direkt auf. Ist die Welle hingegen im Betrieb, so tritt das Öl bei d zwischen Zapfen und Schale ein und wird von der Welle in den keilförmigen Spalt c hineingerissen. Es bildet sich eine dünne Ölschicht e zwischen Lagerschale und Zapfen, durch die der Zapfendruck während des Laufes von der Welle auf die Schale übertragen wird. Die Ölmenge, die durch diesen Spalt während des Betriebes hindurchfließt, ist in erster Linie von den Abmessungen dieses Spaltes abhängig. Ist der Abstand c klein (Abb. 108) und beträgt er, wie dies bei vielen

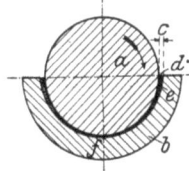
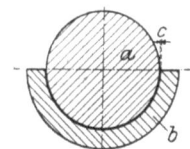
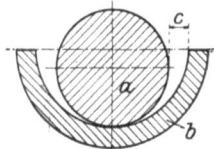

Abb. 107. Lager mit normaler „Ölluft".   Abb. 108. Lager mit ungenügender „Ölluft".   Abb. 109. Lager mit übertrieben großer „Ölluft".

Lagern der Fall ist, nur einige hundertstel Millimeter, so kann nur eine ungenügende Menge Öl, die durch Adhäsion am Zapfen haftet, mit in den Spalt hineingerissen werden. Die Schmierung ist mangelhaft. Ist der Abstand c zu groß, also der lichte Durchmesser der Lagerschale gegenüber dem Zapfen zu weit, so wird das Öl nicht in dem Maße zwischen Welle und Schale hineingesaugt werden, wie dies bei richtiger Bemessung der Ölluft der Fall sein würde. Die Saugwirkung des keilförmigen Spaltes ist demzufolge sehr abgeschwächt (Abb. 109). In diesem Falle kann also auf eine zweckmäßige Schmierung nicht mehr gerechnet werden.

Folgende Zahlentafel gibt die zweckmäßigsten Abmessungen für die Ölluft für Lager von verschiedenem Durchmesser wieder.

Die Ölluft darf nun aber nicht für alle Betriebszwecke innerhalb dieser Werte gewählt werden. Vielfach muß sie in äußerst engen Grenzen gehalten werden, wie dies z. B. bei den Hauptlagern von Drehbänken, Fräsmaschinen usw. der Fall ist.

Zahlentafel 13.

Abmessungen der Ölluft für normale Lager mit ruhender Last.

Lagerdurchmesser mm	Zapfendurchmesser mm	Ölluft mm
40	39,9	0,1
80	79,8	0,2
>100	—	>0,3

Es sei noch auf einen weiteren Umstand hingewiesen, der im Zusammenhang mit der Ölluft steht und von Wichtigkeit für den Betrieb des Lagers ist. Die günstigste Anpassung der Welle an die Schale ist von zwei einander entgegenlaufenden Bedingungen abhängig. Einesteils soll die Auflagefläche so groß wie möglich sein, um die Flächenpressung im Lager tunlichst niedrig zu halten, andererseits soll aber auch die Ölluft genügend groß sein, um einen reichlichen Ölumlauf zu ermöglichen. Im Rahmen dieser gegenläufigen Forderungen sind die zweckmäßigsten Abmessungen zu wählen, derart, daß sie die vorteilhaftesten Betriebsbedingungen ergeben. Versuche haben gezeigt, daß bei einer Zapfenauflagefläche, die etwa $^2/_3$ der Projektion der inneren Zylinderfläche der Schale beträgt, nachweisbar die günstigsten Bedingungen für den Betrieb liegen.

Bei Lagern, die einer raschen Abnützung ausgesetzt sind, wie dies bei Walzwerkslagern häufig der Fall ist, ist es nicht möglich, eine vorher bestimmte Ölluft durch entsprechende Wahl von Zapfen und Lagerdurchmesser festzusetzen. Die Lager werden daher vielfach so gebaut, daß die Druckschale a den Zapfen b nur zu $^2/_3$ seiner Projektionsfläche umfaßt, wie dies aus Abb. 110 zu ersehen ist; $c\,c'$ sind Seitenlager. Eine eigens beabsichtigte Ölluft ist hier nicht vorhanden. Das Schmiermittel wird dem Zapfen durch den freibleibenden Raum zwischen dem Druck und Seitenlager zugeführt. Die Lagerung ist grundsätzlich verschieden von derjenigen der gewöhnlichen Traglager. Der Schmiervorgang, wie er sich bei richtig ausgebildeten Traglagern abspielt, tritt hier nicht in Erscheinung.

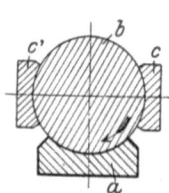

Abb. 110. Walzwerkslager ohne „Ölluft".

3. Ölnuten. Ölnuten sind bis jetzt gar nicht oder nur vereinzelt Gegenstand von Untersuchungen gewesen. Es wird heute sogar noch vielfach angenommen, daß sie, weil sie seit jeher bei Lagern angewendet wurden, unbedingt zu einem erfolgreichen Betrieb nötig seien. Sie haben Abänderungen gegen früher kaum erfahren und werden bei den meisten Lagern, die mit Öl geschmiert werden, wie in Abb. 111a und b, an der Lauffläche diagonal angebracht. Der Schmierring r (Abb. 111a) fördert das Öl an die Verteilungsebene $a\,a$, von wo es in die Längsnute b der Lagerschale gelangt. Von hier fließt es durch die Nuten c und das Ölloch d in den Ölbehälter zurück. Diese Art der Schmierung ist unvollkommen, da das meiste geförderte Öl durch die Nuten abfließt, ohne mit der Welle in Berührung zu kommen. Die Flächen $e\,d\,g\,e'\,d\,g'$ haben den größten Teil der Last aufzunehmen, da die übrigen Teile der Schale durch die Ölnuten zerschnitten sind, oder aber zu beiden Seiten der Welle liegen, also außerhalb der Hauptdruckzone. Diese Flächen $e\,d\,g\,e'\,d\,g'$ sind nun in bezug auf Schmierung am ungünstigsten bedacht. Alles Öl fließt durch die Nuten nach der Mitte des Lagers zurück, und das wenige Öl, das an der Welle haften bleibt, wird noch an den Nutenkanten abgestreift. Die Tragflächen $e\,d\,g$—$e'\,d\,g'$ bleiben also größtenteils ohne Schmierung.

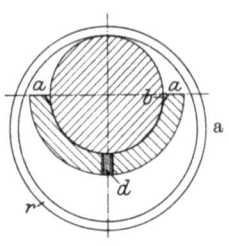
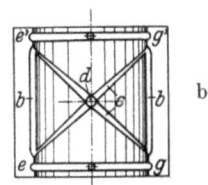

Abb. 111. Lagerschale mit der üblichen Anordnung der Ölnuten.

Anders gestalten sich hingegen die Verhältnisse, wenn die diagonalen Nuten c sowie das Ölloch d überhaupt nicht vorhanden sind und statt dessen die axialen Nuten b bis in die Nähe des Randes der Schale verlängert werden (Abb. 112). Das geförderte Öl fließt dann in die Längsnuten b, von wo es sich gleichmäßig verteilt und so zwischen Welle und Schale gelangt. Es kann, nachdem es durch den Ölspalt hindurchgeflossen ist, nur seitlich in $a\,a'$ aus der Lagerschale heraustreten. Auf diese Weise wird eine vollkommen gleichmäßige Schmierung der ganzen Lauffläche bewirkt.

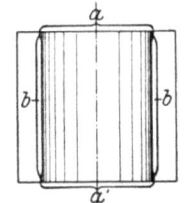

Abb. 112. Lagerschale mit zweckmäßig angeordneten Ölnuten.

Durch Versuche konnten diese Schlußfolgerungen bestätigt werden, und zwar durch den Nachweis, daß die Wärmeentwicklung bei Lagerschalen, deren Laufflächen nicht durch Ölnuten zerschnitten waren, geringer war, als bei Lagern mit diagonal angeordneten Ölnuten. In Zahlentafel 14 sind einige Temperaturwerte für Schalen mit und ohne Ölnuten wiedergegeben und zwar für verschiedene Lagermetalle, Lagerdurchmesser, Zapfendrucke und Gleitgeschwindigkeiten.

Zahlentafel 14.

Lagermetall	Lagerdurchmesser mm	Zapfendruck kg/qcm	Gleitgeschwindigkeit m/sek.	Temperatur im Lager in °	
				mit Ölnuten	ohne Ölnuten
Rotguß ..	40	25	1,0	37	34
	—	25	2,7	57	47
	—	75	1,0	62	54
	—	—	2,7	73	68
Weißmetall	80	20	2,0	57,5	50
	—	20	4,0	84,5	62,5
	—	40	2,0	70,0	53,5
	—	—	4,0	88,0	66

Aus der Zahlentafel geht hervor, daß die bisher üblichen diagonalen Schmiernuten eine ungünstige thermische Wirkung zur Folge haben. Je nach der Art der Schmierung, der Größe der Lager oder der Art der Maschine, kann es sich nun allerdings als notwendig erweisen, Schmiernuten in der Lauffläche der Lagerschale anzubringen. In solchen Fällen dienen aber die Nuten nicht nur dazu, dem Lager ausschließlich Öl zur Schmierung zuzuführen, sondern vielmehr wird neben der Ölschmierung noch eine intensive Kühlung durch das Öl, das durch das Lager hindurchfließt, bewirkt. Diese Wirkung wird bei vielen schnellaufenden Maschinen noch durch Preßschmierung erhöht.

4. Schmierung. Die Schmierungsarten bei Lagern können in zwei Gruppen eingeteilt werden, und zwar: Schmierung mit konsistenten und mit viskosen Schmiermitteln. Für die konsistenten Schmiermittel ist die Staufferbüchse die typische, aber ebenso unzweckmäßige Schmierungsart. Allenfalls ist ihre Anwendung nur dort am Platze, wo bei gelegentlichem Betrieb ganz geringe Lasten und niedrige Gleitgeschwindigkeiten vorkommen. Für Dauerbetrieb ist sie jedenfalls völlig unzureichend. Zahlreiche Betriebsstörungen sind auf das Konto der Staufferbüchse zu setzen.

Auch von der Fettpreßschmierung, bei der das konsistente Schmiermittel dem Lager kontinuierlich durch eine Sonderpresse zugeführt wird, ist abzuraten. Sie sollen nur dort Verwendung finden, wo eine andere Schmierungsart nicht angewendet werden kann. In Fällen, wo konsistentes Fett dem Öl dennoch vorgezogen wird, ist es zweckmäßig, dieses dem Lager durch die sogenannte Fettlochschmierung nach Abb. 113—114 zuzuführen; a ist der Lagerkörper, b das Fettloch. Diese Schmierung arbeitet wesentlich vollkommener. Der Zapfen kommt auf seiner ganzen Traglänge

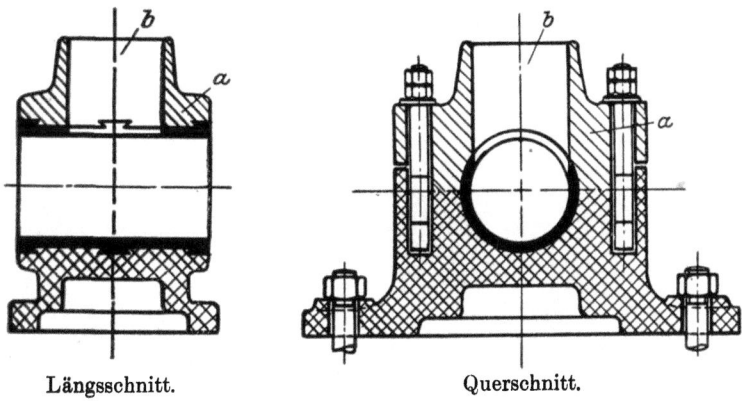

Längsschnitt. Querschnitt.
Abb. 113 u. 114. Lager mit Fett-Loch-Schmierung.

mit Fett in Berührung und kann längere Zeit ohne Wartung laufen. Der Fettverbrauch ist ein ganz minimaler und paßt sich automatisch dem jeweiligen Bedarf des Lagers an.

Die gebräuchlichsten Arten für Ölschmierung (viskose Schmierung) sind: Tropfölschmierung, Ringschmierung mit festem oder losem Ring und Preßölschmierung. Allen diesen Schmierungsarten weit voraus ist die Ringschmierung, und zwar ist diejenige mit festem Ölring a nach Abb. 115 und 116 in erster Linie zu nennen; b ist die Lagerschale, c der Körper, in dem die Schale mittels Kalotte e gelagert ist, d, d' sind Ölzuführungslöcher. Dies stellt die vollkommenste Ölschmierung dar. Das Öl wird in reichlichen Mengen dem Zapfen zugeführt und dient sowohl zur Schmierung, als auch zur Kühlung der Lagerschale. Der Ölring a sitzt fest auf der Welle, und ein Versagen des Ölumlaufes kann, solange der Behälter mit Öl angefüllt ist, nicht eintreten. Heißlaufen ist daher bei diesen Lagern kaum zu befürchten.

Etwas ungünstiger arbeitet das Ringschmierlager mit losem Ring (Abb. 117); a ist die Schale, die in dem Körper b starr gelagert

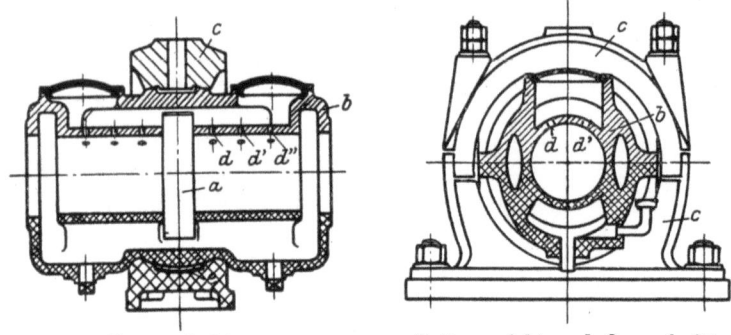

Längsschnitt.   Seitenansicht und Querschnitt.
Abb. 115 u. 116. Lager mit festem Ölring. (Wülfel.)

ist. Der Ring c lastet nur durch sein Eigengewicht auf der Welle und wird durch Reibung in Drehung versetzt. Bei Stößen und Vibrationen der Welle oder des Lagers kann der Ring am Drehen verhindert und die Ölförderung in Frage gestellt werden. Bei ruhigem Lauf der Welle und nicht allzu viskosem Öl sind aber auch diese Schmierungsarten sehr zuverlässig. Sie arbeiten wegen des äußerst sparsamen Ölverbrauchs sehr ökonomisch. Die Ölringschmierung wird bei allen Beanspruchungen von den kleinsten bis zu den höchsten Zapfendrucken angewandt.

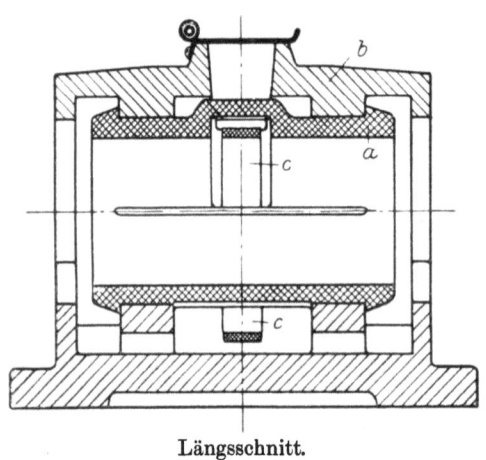

Längsschnitt.
Abb. 117. Lager mit losem Ölring.

Die Preßölschmierung findet dagegen meist nur bei hochbelasteten Lagern Anwendung. Gegenüber Ringschmierlagern mit reichlich bemessenen Ölbehältern, die unter Umständen mit Wasserkühlung zu versehen sind, bietet die Preßölschmierung keinerlei Vorteile (siehe unter „Schnellauflager").

Die Tropfölschmierung steht nur noch bei niedrig- und mittelbelasteten Lagern im Gebrauch. Sie arbeitet unvollkommener als die anderen Ölschmierungen und wird durch die ihr bei weitem überlegene Ringschmierung immer mehr verdrängt.

VII. Anwendungsgebiete und Betriebserfahrungen.

1. Gesichtspunkte für die Wahl eines Lagermetalles. a) Allgemeines.
Überblickt man das ungeheuer große Gebiet, auf dem die Lagermetalle Verwendung finden, so ist ohne weiteres verständlich, warum nur einzelne Lagermetalle in den verschiedenen Zweigen der Industrie Eingang gefunden haben und zwar je nach ihren besonderen Eigenschaften und Vorzügen. Planmäßige Versuche waren bei dieser Gruppierung nicht maßgebend. Langjährige praktische Erfahrungen, begleitet von lehrreichen Mißerfolgen, haben den verschiedenen Metallen ihre Anwendungsgebiete im geringen oder großen Maße erschlossen.

Der Umstand, daß in der Praxis diese Gruppierung vielfach noch nicht genügend beachtet wird, rührt daher, daß die Wahl der Lagermetalle nur nach den Gesichtspunkten konstruktionstechnischer Betriebssicherheit meist ohne Rücksicht auf Wirtschaftlichkeit durchgeführt wird. Übertriebene Sicherheitsgründe aus mangelnder Kenntnis des Beanspruchungsgrades, sowie unzureichende praktische Erfahrungen mit den verschiedensten Metallen waren die Quelle des Mißstandes. Es war üblich, Lager, die nur wenig überlastet waren oder unter etwas ungewohnten Bedingungen arbeiteten, sofort als anormal zu bezeichnen und für diese Zwecke nur Lagermetalle zu verwenden, die den höchsten Anforderungen genügten.

Unter dem Drucke mangelnder hochwertiger Baumaterialien wurden sowohl in der Praxis, wie an den verschiedensten Versuchsständen durch planmäßige Versuche, die tatsächlichen Betriebsverhältnisse der Lager der verschiedenen Maschinen genau verfolgt und die günstigsten Betriebsbedingungen festgestellt. Auf diese Weise war eine schärfere Trennung zwischen den einzelnen Anwendungsgebieten der verschiedenen Metallarten möglich und zwar unter Berücksichtigung der bei der Wahl von Lagermetallen maßgebenden wirtschaftlichen Gesichtspunkte. Von diesen Gesichtspunkten aus erfolgt heute fast durchweg ihre Wahl. Auch an dieser Stelle wurde beim Aufzählen der Anwendungsgebiete der einzelnen Lagermetalle in der gleichen Weise verfahren.

2. Lager für geringe Belastung. a) Transmissionslager.

Als typisches Lager dieser Art kann das normale Transmissionslager gelten, Abb. 118 und 119; a ist der Lagerkörper, der in dem Bock b verstellbar durch die Schraubenbolzen c, c' in Verbindung

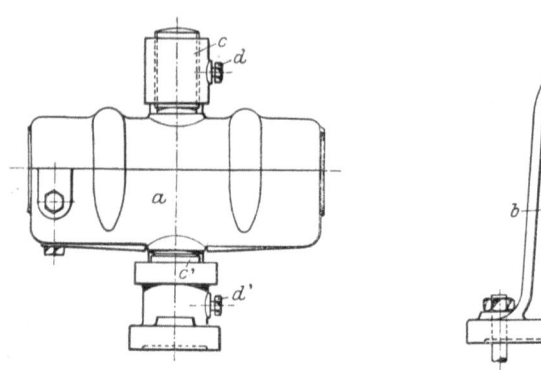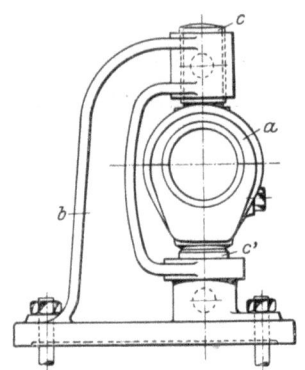

Vorderansicht.   Seitenansicht.
Abb. 118 und 119. Übliches Transmissionslager. (Bamag.)

mit den Feststellschrauben d, d' gelagert ist. Die Last ist ruhend, d. h. dauernd gleich, ohne daß im Lager zusätzliche Beanspruchungen auftreten. Die Gleitgeschwindigkeiten sind durchweg gering. Dieser Gruppe von Lagern sind alle Nebenlager von Kraft-, Arbeits- und Werkzeugmaschinen zuzuzählen, sofern sie keinen sonstigen ungünstigen Einflüssen, wie hohen Temperaturen, der Einwirkung von Staub usw. ausgesetzt werden. Für den einwandfreien Betrieb dieser Lager ist selbstverständlich eine vollkommen durchgebildete zuverlässige Schmierung Bedingung. Die Metalle, die für diese Zwecke in Frage kommen, sind, wie aus der Zahlentafel 15 hervorgeht, das Einheitsmetall, das Lurgilagermetall und das Zinnweißmetall.

Zahlentafel 15.

Maschinengattung	Art des Lagers	Lagerdruck kg/qcm	Zweckmäßige Schmierung	Zweckmäßigstes Lagermetall
Arbeitsmaschinen (**Handbetrieb**)	Nebenlager	< 2	Fett (Öl)	Einheitsmetall
(masch. Betrieb)	„	< 5	Fett u. Öl	Zinnweißmetall
Kraftmaschinen	„	< 10	Öl (Fett)	Lurgilagermetall
Werkzeugmaschinen	„	< 5	Öl (Fett)	

Die Arbeitsmaschinen können vom Gesichtspunkt der Lagermetalle zweckmäßig in zwei Klassen eingeteilt werden und zwar in Arbeitsmaschinen, die von Hand betrieben werden und solche mit mechanischem Antrieb.

Die Lager der von Hand betriebenen Arbeitsmaschinen können ohne Bedenken aus Einheitsmetall hergestellt werden. Bei diesen Lagern ist vielfach Fettschmierung in Anwendung, für deren gute Wartung Sorge zu tragen ist.

An die Nebenlager der mechanisch betriebenen Arbeitsmaschinen werden bereits erhöhte Anforderungen gestellt, so daß, entsprechend dem Grade der Belastung, Einheitsmetall, Lurgilagermetall oder Zinnweißmetall als Lagermetall anzuwenden ist. Die Schmierung dieser Lager geschieht durch Fett oder Öl. Ähnlich liegen die Verhältnisse bei den Werkzeugmaschinen, bei denen bei guter Fett- oder Ölschmierung die beiden letzten gleichwertigen Lagermetalle vollkommen ihren Zweck erfüllen; nur bei den stark exponierten Hauptdrucklagern wird man zweckmäßig zu Rotguß greifen.

Nebenlager von Kraftmaschinen, d. h. alle Lager, außer denjenigen, die die Hauptkraft der Maschine aufnehmen müssen, können bei sonst normalen Bedingungen mit gleichem Erfolg statt aus Rotguß aus Zinnweißmetall oder Lurgilagermetall hergestellt werden. Auch Einheitsmetall ist für diese Zwecke vielfach noch gut geeignet. Die Lager sind gut durchzubilden und als Schmierung Ölring- oder Preßölschmierung vorzusehen. Fettschmierung soll bei Kraftmaschinen nicht angewendet werden, allenfalls nur für untergeordnete Zwecke.

Bei ungünstiger Schmierung, verhältnismäßig hohen Lasten und bei Raummangel für die Lager ist dem gleichwertigen Zinnweißmetall und Lurgilagermetall vor dem Einheitsmetall der Vorzug zu geben. Es kann sich aber auch in einzelnen Fällen die Verwendung von Rotguß, beispielsweise bei Lagern mit unzureichender Schmierung, die den äußerst schädlichen Einflüssen von Staub oder hohen Temperaturen ausgesetzt sind, als notwendig erweisen.

b) **Schnellauflager.** Höhere Anforderungen hingegen werden an schnellaufende Lager gestellt. In Abb. 120 stellt a die Welle, b die Lagerschale, c, c' den Lagerkörper, d und e Öl- und Kühlwasserkanäle dar. Da ihre Zapfendrucke nur selten über 10 kg/qcm hinausgehen, sollen sie gleichfalls gemeinsam mit den leicht belasteten Lagern behandelt werden. Die Last ist ruhend und dauernd gleich. In erster Linie kommt es bei diesen Lagern auf unbedingte Zuverlässigkeit der Konstruktionsstoffe, sowie auf einen möglichst geringen Verschleiß an. Der Spielraum zwischen Rotor und Stator bei elektrischen Maschinen oder der freie Spalt bei Turbinen muß möglichst gering bemessen werden. Übermäßige Abnützung oder zu großes Spiel im Lager können die schwersten Schädigungen der Maschinen verursachen. Es kommen daher für diese Zwecke nur die besten Lagermetalle zur Anwendung.

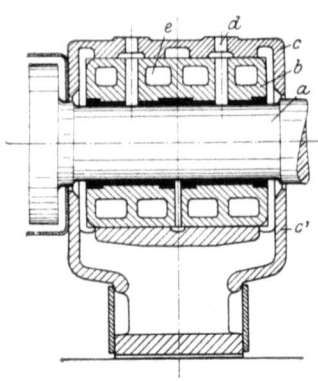

Abb. 120. Schnellauflager (Längsschnitt).

Zahlentafel 16.

Maschinengattung	Art des Lagers	Zapfendruck kg/qcm	Schmierung		Zweckmäßigstes Lagermetall
			Schmiermittel	Schmierungsart	
Turbinen	Hauptlager	<8	Öl	Preßöl- und Ringschmierung	Hochprozentiges Zinnweißmetall und Lurgilagermetall
Elektr. Maschinen	"	<8	"	Ringschmierung	
Holzbearbeitungsmaschinen ...	"	<5	Öl u. Fett	Ringschmierung und Staufferbüchsenschmierung	
Schleif- u. Poliermaschinen ...	"	<2	Öl	Ringschmierung	
Ventilatoren ...	"	<2	"	Ringschmierung	

Für die Lager der schnellaufenden Maschinen ist noch vielfach Rotguß in Anwendung. Dieses Metall hat einen verhältnismäßig geringen Verschleiß. Die übermäßige Abnützung kann aber

Lager für geringe Belastung.

häufiger auf unzureichende Schmierung, als auf das Metall selbst zurückgeführt werden. Besonders bei schnellaufenden Wellen findet man häufig Preßschmierung. Das Öl wird durch Preßpumpen unter den Wellenzapfen gedrückt. Diese Art der Schmierung arbeitet selten einwandfrei und ist nur schwer den jeweiligen Betriebsverhältnissen hinsichtlich der im Lager herrschenden Pressung, als auch hinsichtlich des Ölbedarfes des Lagers anzupassen. Ist der Öldruck kleiner als der Zapfendruck (die Verhältnisse lassen sich genau weder rechnerisch noch experimentell ermitteln), so ist der gleichmäßige Druck der Ölschicht auf einer mehr oder weniger großen Strecke gestört. Ist er größer, so drückt er den Zapfen an die obere Deckelschale, wodurch eine zusätzliche unerwünschte Reibung entsteht. Bei weitaus den meisten Traglagern wird dagegen die vom Zapfen benötigte Ölmenge von diesem bei richtiger Konstruktion des Lagers selbsttätig reguliert, so daß der Verbrauch ohne besondere Vorkehrungsmaßnahmen den jeweilig benötigten Ölmengen vollkommen entspricht. Eine zwangläufige Zuführung des Öles mit Pressen erweist sich in den meisten Fällen als unzweckmäßig, ja sogar schädlich. Bei richtiger Schmierung und normalen Betriebsbedingungen kann man daher auch bei den schnellaufenden Lagern ohne Rotguß auskommen.

c) Gleitschuhe. Es sei hier noch kurz auf die Gleitschuhe von Kreuzköpfen (Abb. 121 und 122) hingewiesen; a, a' sind die

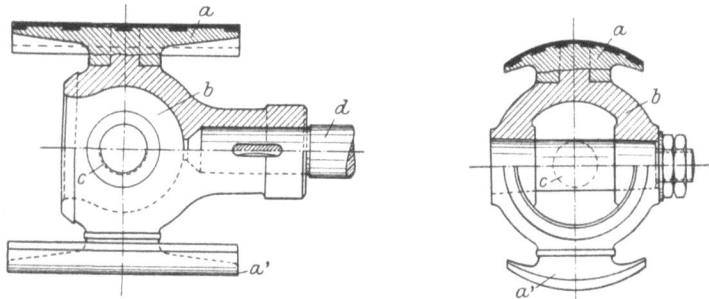

Längsschnitt und Seitenansicht. Querschnitt und Vorderansicht.
Abb. 121 u. 122. Kreuzkopf mit Gleitschuhen.

Gleitschuhe, b der Kreuzkopfkörper, c der Bolzen für die Schubstangenlagerung, d ist die Kolbenstange. Der Gleitvorgang ist in seinen Hauptzügen dem bei Traglagern schnellaufender Maschinen in gewissem Sinne ähnlich. Die spezifische Belastung der Gleitschuhflächen ist im allgemeinen nur sehr gering, während die Gleitgeschwindigkeiten ziemlich erheblich sind. Die Schmierung erfolgt ähnlich wie beim Traglager, indem Öl durch Nuten zwischen die beiden aufeinandergleitenden Flächen gepreßt wird (wie dies bei Großgasmaschinen der Fall ist), auch gelangt vielfach das Öl durch Tropfölung auf die Gleitbahn a, Abb. 123, von wo es durch je einen konischen Spalt b zwischen die Laufflächen der Gleitschuhe c gelangt. Als Material wird vielfach Zinnweißmetall und Lurgilagermetall auf gußeisernen Gleitbahnen angewandt. Auch Rotguß wird des öfteren bei schnellaufenden, hochbelasteten Maschinen angetroffen.

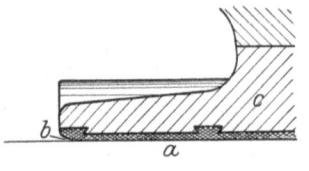

Abb. 123. Detail aus Abb. 121 und 122.

3. Lager für mittlere Belastung. a) Kurbelwellenlager. Neben den Lagern mit dauernd gleicher Last muß denjenigen Lagern, die außer der vorgesehenen Last zeitweilig noch zusätzlichen Beanspruchungen ausgesetzt sind, besondere Aufmerksamkeit geschenkt werden. Als typisch für diese Art der Beanspruchung können die Kurbelwellenlager von schweren Arbeits- oder Kraftmaschinen angesehen werden (Abb. 124); a ist die vierteilige Lagerschale, die in dem Lagerkörper b durch die Keile c nachgestellt werden kann. Das Öl wird dem Lager durch die Dochtschmierung d zugeführt. Die Dauerlast, die diese Lager aufzunehmen haben, rührt vom Eigengewicht der Welle und der Gestänge, sowie hauptsächlich von dem Gewicht der Schwungmassen her, die gewöhnlich auf der Kurbelwelle angebracht sind. Läuft die Maschine leer, so sind nur diese Lasten von den Wellenlagern aufzunehmen. Wird hingegen Kraft übertragen, so treten neben diesem Druck zusätzliche Druckwirkungen auf, und zwar vom Kurbelantrieb, durch den die Hauptkraft übertragen wird. Diese zusätzliche Last tritt nur zeitweilig in den Kurbelwellenlagern auf und äußert sich darin, daß der Zapfendruck von einem gegebenen konstanten Wert kon-

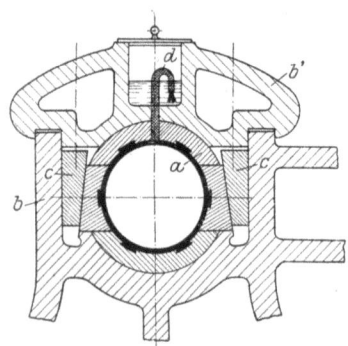

Abb. 124. Kurbelwellenlager (Querschnitt).

tinuierlich auf ein Maximum ansteigt, um dann auf den ursprünglichen Wert zurückzugehen. Die Wirkungen kehren periodisch mit den Umdrehungen der Welle wieder. Beanspruchungen dieser Art treten auf bei Kurbelwellenlagern von Kompressoren, Pumpen, Pressen, von Dampf-, Gas- und Dieselmaschinen. In Zahlentafel 17 sind die Metalle angeführt, die für diese Maschinentypen in Frage kommen.

Zahlentafel 17.

Maschinen-gattung	Maschinen-type	Art des Lagers	Zapfendruck kg/qcm	Schmierung		Zweckmäßigstes Lagermetall
				Schmiermittel	Schmierungsart	
Kraftmaschinen	Dampfmaschinen	Hauptwellenlager (Gleitschuhe)	<50	Öl	Ringschmierung (Preßschmierung)	Hochprozentiges Zinnweißmetall und Lurgilagermetall
	Gasmaschinen	Hauptwellenlager (Gleitschuhe)	<50	„	Ringschmierung (Preßschmierung)	
	Dieselmaschinen	Hauptwellenlager (Gleitschuhe)	<50	„	Ringschmierung (Preßschmierung)	
Arbeitsmaschinen	Pressen, Kompressoren	Hauptwellenlager (Gleitschuhe)	50–80	„	Ringschmierung	Hochprozentiges Zinnweißmetall, Lurgilagermetall und Rotguß
	Stein- und Koksbrecher	Hauptwellenlager	50–80	Öl u. Fett	Ringschmierung, Staufferbüchse	
	Krane	Haupttraglager	<200	„	Ringschmierung, Staufferbüchse	
Werkzeugmaschinen	Drehbänke	Haupttraglager	30–50	Öl	Ringschmierung, Filzschmierung	Zinnweißmetall und Lurgilagermetall
	Fräsmaschinen	Haupttraglager	30–50	„	Ringschmierung, Filzschmierung	
	Bohrmaschinen	Haupttraglager	<10	„	Ringschmierung, Filzschmierung	

Einheitsmetall soll aus Gründen der Betriebssicherheit für diese Beanspruchungsart nicht verwendet werden. Es hat sich in vielen Fällen erwiesen, daß dieses den hohen Belastungen nicht standhält und seitlich aus dem Lager herausgequetscht wird; auch Rotguß sollte wegen seiner hohen Reibung nicht benutzt werden. Bei sehr ungünstiger Schmierung, sowie bei Lagern, die oft Schmutz und Staub ausgesetzt sind, ist sein Gebrauch allenfalls noch berechtigt.

b) **Spurlager.** Bei den normalen Lagertypen wirkt die Last meist senkrecht zur Wellenachse auf das Lager ein. Es gibt hingegen eine Reihe von Lagern, wo die Hauptkraft sowohl parallel als auch senkrecht zur Wellenachse auftritt. Überwiegt die Kraft in der Achsenrichtung, und ist die Beanspruchung senkrecht dazu nur gering, so bezeichnet man die Lager als Spurlager, während bei den sogenannten Kammlagern beide Beanspruchungsarten in hohem Maße vorkommen. Bei den Spurlagern Abb. 125 tritt in sofern eine Änderung in den üblichen Lagerverhältnissen ein, als die Ölschicht, die sich zwischen Zapfen a und Pfanne b befindet, in einer Ebene liegt und auf ihrer ganzen Ausdehnung gleich dick ist; c ist die Führungsbüchse, die in dem Lagerkörper d sitzt. Auch liegt durch die Rotation des Zapfens das Bestreben vor, das Öl zwischen den Laufflächen herauszuquetschen. Zwischen den beiden ebenen Flächen von Zapfen und Pfanne kann das Öl nicht, wie bei den Traglagern, durch einen keilförmigen Spalt eintreten. Es ist demselben keine Möglichkeit gegeben (außer durch Ölnuten), zwischen diese Flächen zu gelangen, sondern es wird vielmehr durch die Zentrifugalkraft während des Laufes von der Welle dauernd weggeschleudert. Vielfach sieht man daher die Spurzapfen mit Preßölschmierung ausgerüstet, wodurch mit einiger Sicherheit anzunehmen ist, daß das Öl zwischen die beiden Laufflächen gelangt.

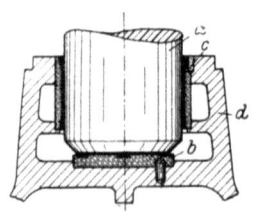

Abb. 125. Spurlager (Achsialschnitt).

Auch ist die Beanspruchung innerhalb der sich nur schwer bildenden Ölschicht eine ganz verschiedene. Bei den horizontalen normalen Traglagern ist die Geschwindigkeit der einzelnen Ölteilchen an jedem Punkt der zylindrischen Tragfläche gleich. Bei den Spurzapfenlagern hingegen findet eine Zunahme der Geschwindigkeit innerhalb der Ölschicht statt. Je nachdem man einen

Punkt der Ölschicht in der Wellenachse oder nahe am Rande der Welle betrachtet, steigt diese Geschwindigkeit von einem ganz geringen bis auf einen maximalen Wert. Verschiedene Geschwindigkeiten innerhalb einer schwer herstellbaren vollkommen planen Ölschicht sind die kennzeichnenden Merkmale dieser Lagerart.

Die Metalle, die bei diesen Lagern zur Anwendung kommen, sind in erster Linie Rotguß, dann aber Zinnweißmetall und Lurgilagermetall. Sie neigen bei den ungünstigen Verhältnissen, die bei den Spurlagern auftreten, am wenigsten zum Festfressen.

c) Kammlager. Ein ähnliches Verhalten, jedoch etwas weniger ausgeprägt, zeigen die Kammlager Abb. 126; a ist der Zapfen mit den Druckringen b, b', c die Lagerschale, die in dem Lagerkörper d ruht. Sie können als Übergangslager zwischen horizontalen, normalen Traglagern und Spurzapfenlagern angesehen werden. Hier treten die Vorgänge auf, wie sie beim Traglager sowohl wie beim Spurlager bekannt sind. Die senkrecht wirkende Last ruht auf der zylindrischen Tragfläche des Lagers, während der horizontale Schub

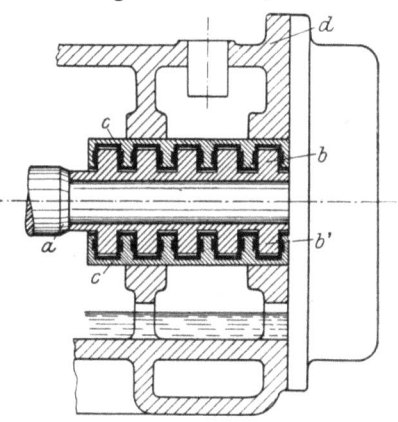

Abb. 126. Kammlager (Längsschnitt).

der Welle durch die Druckringe aufgenommen wird. Die Wärmeentwicklung an diesen Lagern ist wegen der ungleichmäßigen Berührung sämtlicher Ringflächen oft eine sehr erhebliche, so daß außer Preßölschmierung vielfach eine intensive Wasserkühlung erforderlich wird. Als Lagermetall kommen auch für diese Lager Rotguß, bestes Zinnweißmetall und Lurgilagermetall, die diesen Beanspruchungen gewachsen sind, in Frage.

4. Lager für hohe Belastungen. a) Pleuelstangenlager. Weit ungünstiger als die Beanspruchung bei Kurbelwellenlagern, wenn auch nicht hinsichtlich der thermischen Verhältnisse und der Gleiteigenschaften, ist die mechanische Beanspruchung bei Lagern mit Stoß- und Zusatzlast. Als Typus dieser Beanspruchungsart ist das Pleuelstangenlager (Flügel- oder Schubstangenlager) Abb. 127 und 128 zu nennen; a ist die Lagerschale, die in dem Schubstangenkopf b

ruht. Hier treten außer den Dauerlasten und den periodischen Wechsellasten noch erhebliche Überlastungen hinzu, die stoßartig auftreten. Maschinen, deren Lager in dieser Weise beansprucht werden, sind Stangenlager von Wasserpumpen, Großgasmaschinen, Brikettpressen, Lokomotiven usw. Ähnliche Beanspruchungen treten auch auf bei Achsenlagern von Kammwalzen, Rollgängen, Eisenbahnwagen und Lokomotiven. In Abb. 129 und 130 ist das Pleuelstangenlager einer Lokomotive wiedergegeben.

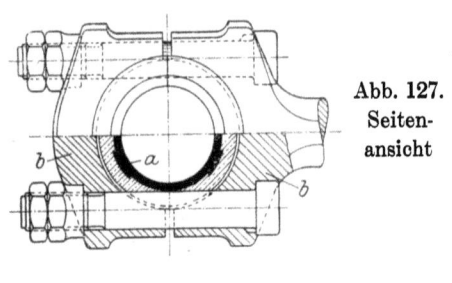

Abb. 127. Seitenansicht

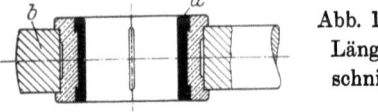

Abb. 128. Längsschnitt

Pleuelstangenlager.

b) **Achsenlager für Eisenbahnwagen.** Von besonderer Bedeutung sind die Lager von Eisenbahnwagen. In bezug auf Belastung fallen sie unter die Gruppe der Lager, die bei mäßiger Flächenpressung hohen zusätzlichen Stoßbelastungen (Schienenstöße) ausgesetzt sind. Hinzu kommt noch, daß der Zapfendruck nicht, wie bei den übrigen Lagern, von oben auf die untere Lagerhälfte einwirkt, sondern im umgekehrten Sinne von unten auf die obere Lagerschale. Es ist nun ohne weiteres einzusehen, daß dieser Umstand ganz andere Schmiervorrichtungen bedingt. In Abb. 131 und 132 ist ein solches Lager veranschaulicht. An der unteren Seite der Welle a wird ein Schmierkissen b

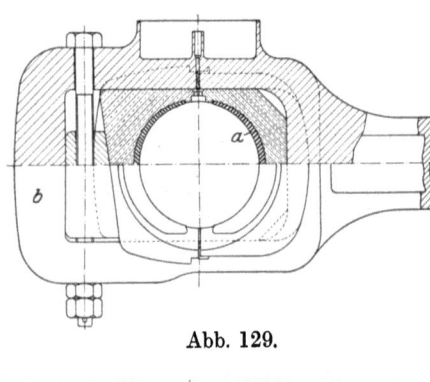

Abb. 129.

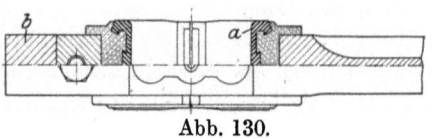

Abb. 130.

mittels Feder h an die Welle gedrückt, das mit Docht c das Öl aus dem Behälter d ansaugt und an die Welle a abgibt, von wo aus es zwischen Zapfen und Schale e, die in dem Ge-

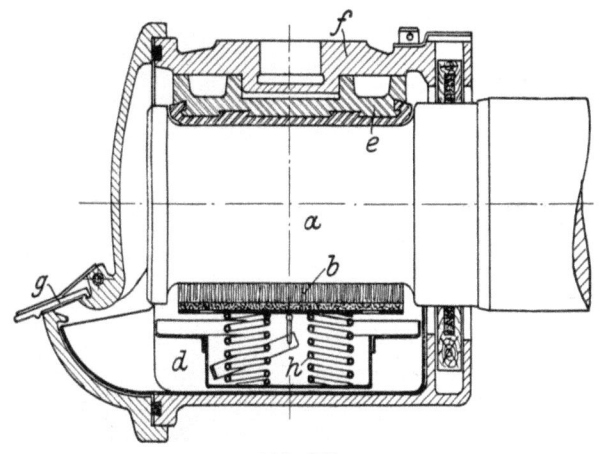

Abb. 131.

häuse f gelagert ist, gelangt. g dient zur weiteren Ölzuführung. Diese Schmierung arbeitet gegenüber den üblichen Ringschmiervorrichtungen nur unvollkommen, da nur sehr wenig Öl durch den Docht, der durch Unreinlichkeiten leicht seine Wirkung verliert, gefördert werden kann. Der Ölumlauf im Lager ist auf ein Minimum herabgesetzt. Die Schmierung ist nur ganz gering und eine nennenswerte Kühlung durch Ölumlauf ist nicht vorhanden. Abb. 133 und 134 geben die Achslager für Lokomotiven wieder.

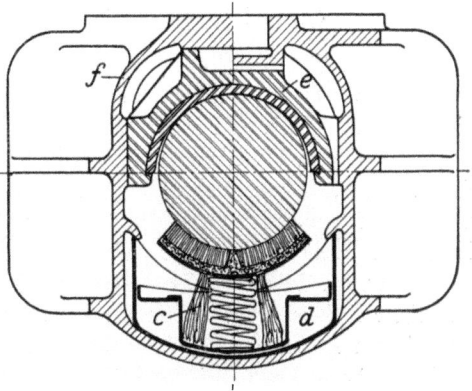

Abb. 132.

Außer diesem Übelstand tritt noch ein weiterer, nachteiliger Faktor bei diesen Lagern hinzu. Ähnlich wie beim Kammlager muß der seitliche Schub, der besonders beim Befahren von Kurven mit vollbelasteten Wagen sehr erheblich sein kann, durch einen

108   Anwendungsgebiete und Betriebserfahrungen.

Bund aufgenommen werden. Auf einer schmalen Fläche, die nur ganz unvollkommen geölt ist, müssen hohe Drucke, die oft stoßweise auftreten, aufgenommen werden. Die Abnutzung dieses

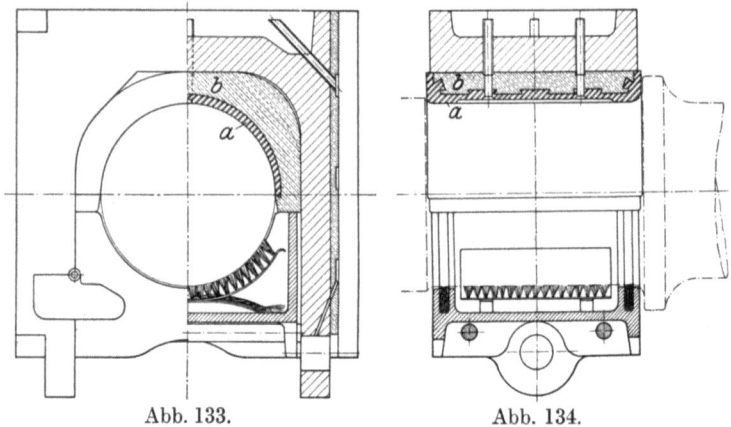

Abb. 133.   Abb. 134.

Bundes darf nur gering sein; ist sie übermäßig hoch, so muß der ganze Lagerausguß erneuert oder umgeschmolzen werden.

Wie aus der Zahlentafel 18 hervorgeht, kommen für diese Beanspruchungsarten nur die hochwertigsten Lagermetalle in Frage.

Rotguß galt bis vor kurzem für viele dieser Zwecke als vollkommen unentbehrlich. Es hat sich aber gezeigt, daß diese Legierung durch das Lurgilagermetall wohl ersetzt werden kann, ja sogar, wie aus der Zahlentafel 19, der Betriebszahlen zugrunde liegen, hervorgeht, den Rotguß noch zu übertreffen vermag.

Aus diesem praktischen Betriebsbeispiel geht deutlich hervor, daß Bronze, der gerade bei den Brikettpressen bis vor kurzem wegen der äußerst hohen Stoßdrucke und den sehr ungünstigen Betriebsverhältnissen, unter denen diese Lager arbeiten, nicht zu entraten war, durch das Lurgilagermetall ersetzt werden kann, ja in seiner Lebensdauer durch dieses sogar weit übertroffen wird. An diesem Beispiel kann man deutlich erkennen, in wie hohem Maße Rotguß auch bei höchstbelasteten Lagern durch andere Legierungen, die infolge ihrer langen Lebensdauer weitere wirtschaftliche Vorteile bieten, mit gutem Erfolg ersetzt werden kann.

Wie bereits darauf hingewiesen, kommt es bei diesen Lagern nicht so sehr auf gute Gleiteigenschaften des Metalles an, als vielmehr in erster Linie auf Metalle mit guten mechanischen Eigen-

Lager für hohe Belastung.

schaften. Die dauernde stoßweise Beanspruchung lockert den Metallausguß in der Schale, das Metall bröckelt aus und die Schale wird allmählich zerstört. Es muß daher auch besonders darauf geachtet werden, daß das Lagermetall einen unbedingt festen Sitz in der Schale hat. (Über die Unterstützung der Haftbarkeit in den Lagern durch besondere Maßnahmen siehe unter „Gießtechnisches".)

Zahlentafel 18.

Maschinengattung	Maschinentype	Art des Lagers	Zapfendruck kg/qcm	Schmierung		Zweckmäßigste Legierung
				Schmiermittel	Schmierungsart	
Kraftmaschinen	Großgasmaschinen	Pleuelstangenlager	<100	Öl	Preßölschmierung, Tropfölschmierung	Hochprozentiges Zinnweißmetall, Lurgilagermetall und Rotguß
	Lokomotiven	Pleuelstangenlager	<150	Öl	Preßölschmierung, Tropfölschmierung	
Arbeits- und Hüttenmaschinen	Brikettpressen	Pleuelstangenlager	200–400	Öl u. Fett	Preßölschmierung, Tropfölschmierung, Stauferbüchse	
	Pumpen	Pleuelstangenlager	<150	Öl	Preßölschmierung, Tropfölschmierung, Stauferbüchse	
	Kammwalzen	Achslager	<100	Öl	Preßölschmierung	
	Rollgänge	Achslager	<100	Öl u. Fett	Ringschmierung, Stauferbüchse	
	Eisenbahnwagen	Achslager	<30	Öl	Dochtschmierung	
Werkzeugmaschinen	Pressen	Pleuelstangenlager und Achslager	<200	Öl	Preßölschmierung, Ringschmierung	
	Scheren	Pleuelstangenlager und Achslager	<200	Öl	Preßölschmierung, Ringschmierung	
	Stanzen	Pleuelstangenlager und Achslager	<200	Öl	Preßölschmierung, Ringschmierung	

110   Anwendungsgebiete und Betriebserfahrungen.

Zahlentafel 19.

Maschinen-gattung	Art des Lagers	Lagermetall	Dauerbetrieb. Zeit in Arbeitsstunden	Bemerkung
Schwere Brikett-pressen...	Hauptdrucklager (Druckschale)	Bronze	5040 = 7 Monate	—
		Lurgilagermetall	6480 = 9 Monate	Lager völlig intakt, Abnützung minimal

5. Lager für höchste Belastungen. a) Walzwerkslager. Lager, deren Beanspruchungen man mit denjenigen der vorher genannten Maschinenarten nicht ohne weiteres vergleichen kann, sind die Walzwerkslager Abb. 135, weil sowohl die Belastungsart eine andere, als auch die Verhältnisse im Lager, im besonderen in bezug auf Schmierung bedeutend ungünstiger sind. Gemäß Abb. 135 ist a der Walzenzapfen, b das Drucklager, c, c' die Seitenlager, die in dem Querstück d eingebaut sind, das durch die Bolzen e, e' im Walzenständer gehalten wird. Diese Lager werden meist nur notdürftig mit Speck oder Teerbriketts geschmiert. Die Zapfen liegen stellenweise bloß und neigen infolge der häufig angewandten Wasserkühlung leicht zu Rostbildung. Zu diesem Übelstand kann noch die äußerst verheerende Einwirkung von Staub und Walzensinter auf die Lauffläche hinzugezählt werden.

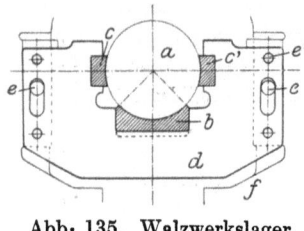

Abb. 135. Walzwerkslager (Seitenansicht).

Der Verschleiß dieser Lager ist ganz ungewöhnlich hoch, und es kommt häufig vor, daß man genötigt ist, bei Dauerbetrieb die Lager bereits innerhalb 8 bis 14 Tagen auszubauen. Des weiteren kommen ganz unübersehbare mechanische und thermische Momente zu diesen Lagerbeanspruchungen hinzu. Vielfach müssen Blöcke verwalzt werden, die wegen ihrer ungenügenden Temperatur der Walze einen äußerst großen Widerstand entgegensetzen. Hierdurch, sowie infolge der vielen unkontrollierbaren Stoßdrucke kann das Lagermetall bis zur Fließgrenze beansprucht und seitlich aus dem Lager herausgequetscht werden. Ferner kommt noch die vom rotglühenden Walzgut herrührende, von der Walze auf den Zapfen übertragene Wärme, so daß infolge der zusätzlichen Reibungswärme trotz intensiver Wasserkühlung im Lager Temperaturen von einigen hundert Grad nichts ungewöhnliches sind. Alle diese Momente führen dazu, daß in vielen Walzwerksbetrieben, besonders in solchen, die schlecht geleitet sind, Lager selbst aus bestem Rotguß ungewöhnlich oft versagen. Die Frage der Beschaffung eines geeigneten Materials für Walzwerkslager ist somit mehr eine Frage der einzelnen Betriebe als des Materials. Wie aus der Zahlentafel hervorgeht, kommen für diese Zwecke nur hochwertige Metalle in Frage.

Zahlentafel 20.

Maschinen-gattung	Art der Walzen-straße	Schmierung	Zweckmäßigste Legierung
Walzwerk	Draht- und Feinstraße	Öl und Fett	Zinnweißmetall und Lurgilagermetall
	Mittelstraße	Fett	Hochprozentiges Zinnweißmetall und Lurgilagermetall
	Grobstraße	Fett	Lurgilagermetall und Rotguß
	Blockstraße	Fett	Lurgilagermetall und Rotguß

Bei Mittel- und Feinstraßen findet hochprozentiges Zinnweißmetall und Lurgilagermetall Anwendung. Bei Grobstraßen und Blockwalzen hingegen, wo außergewöhnlich hohe Drucke und Temperaturen bei sehr langen Stichen und angestrengtem Betrieb vorkommen, dürfen Zinn- und die meisten Bleilegierungen überhaupt nicht angewandt werden. Für diese Zwecke ist nur ausschließlich Bronze vorzusehen. Bei sehr sorgfältiger Schmierung und ausreichender Dimensionierung der Zapfen sowie bei normalem Walzwerksbetrieb kann jedoch mit Erfolg Lurgilagermetall gebraucht werden. Ob Weißmetall diesen Beanspruchungen auch noch standhält, ist nicht bekannt.

Besonders bemerkenswert ist es, daß trotz der ständigen Berührung der Lager mit Wasser sich das Lurgilagermetall bei diesen Versuchen als recht beständig erwies. Im allgemeinen sollte man annehmen, daß bei Zusatz eines Metalles der Erdalkaligruppe, zu der das Barium zugezählt wird, mit einer verminderten chemischen Widerstandsfähigkeit der Legierung zu rechnen sei. Die Erfahrungen haben indes gezeigt, daß dies keineswegs zutrifft, und daß die Legierung etwa die gleiche chemische Widerstandsfähigkeit besitzt wie das Weichblei.

Der hohen Lagertemperatur, die durch die außerordentlichen Reibungsdrucke, sowie infolge der Verarbeitung des rotglühenden Walzgutes im Walzenzapfen entsteht, dürfte das Zinnweißmetall auf die Dauer kaum widerstehen, da seine Härte und Druckfestigkeit durch hohe Temperaturen sehr nachteilig beeinflußt wird. Lurgilagermetall ist in dieser Beziehung dem Zinnweißmetall überlegen. (Siehe Abschnitt: Härte und Druckfestigkeit bei hohen Temperaturen.) Praktische Versuche haben denn auch gezeigt, daß das Lurgilagermetall selbst den allerhöchsten Beanspruchungen bei Walzwerken voll und ganz gewachsen ist, wie die Zahlen nachstehender Zahlentafel erweisen. Die Versuche sind in den Betrieben zweier der größten deutschen Walzwerke durchgeführt worden.

Zahlentafel 21.

Maschinengattung	Art der Walzenstraße	Art des Lagers	Schmierung	Lagermetall	Leistungen an Arbeitsgut in Tonnen
Walzwerk	Mittelstraße 500 und 750 mm	—	Fett	Rotguß Lurgilagermetall	1200 1400
Walzwerk	Grobstraße 600 mm	Walzenlager 350 mm	Fett	Rotguß Lurgilagermetall	13000 17000[1]
Walzwerk	Blockstraße 900 mm	Walzenlager	Fett	Rotguß Lurgilagermetall	10000 55000

[1] Abnutzung etwa 6 mm.

Demnach erweist sich das Lurgilagermetall bei Mittelstraßen dem Rotguß um rund $1/7$, bei Grobstraßen um etwa $1/3$ und bei Blockstraßen sogar um das Fünffache überlegen. Es sei noch bemerkt, daß das Lager mit 17 000 t Arbeitsleistung nur eine Abnützung von 6 mm aufwies, und daß demnach mindestens mit der doppelten Arbeitsleistung des Lagers noch zu rechnen war.

Diese Versuche zeigen eindeutig die Reformbedürftigkeit unserer bisherigen Anschauungen über die Begutachtung von Lagermetallen und deren Betrieb. Auch bei allen anderen Lagerarten dürften sicherlich ähnliche Verhältnisse vorliegen.

6. Kontrolle der Lager im Betrieb. Die Kontrolle der Lagermetalle im Betrieb ist von so großer Bedeutung, daß auf diesen Umstand besonders eindringlich hingewiesen werden muß. In den wenigsten Betrieben sind zahlenmäßige Angaben über die Betriebsbedingungen und Betriebserfahrungen mit Lagermetallen anzutreffen. Nur auf diese Weise erklärt es sich, warum trotz vielfachen Bestrebungen eine Besserung auf diesem Gebiete bis jetzt nicht eingetreten ist. Für den Techniker sind diese Feststellungen insofern von besonderer Bedeutung, da er durch sie über die Wahl der einzelnen Lagermetalle am einfachsten unterrichtet wird. Die genaue Kenntnis der technischen Eigenschaften und Eigentümlichkeiten der einzelnen Metalle wird es ihm ermöglichen, für verschiedene Zwecke billigere Legierungen zu verwenden und den Betrieb auf diese Weise ökonomischer auszugestalten.

Besonders die Versuche an Walzwerken haben eindeutig gezeigt, daß die Verwendung der teueren Legierungen keineswegs überall technisch geboten ist, vielmehr konnte gezeigt werden, daß auch billigere Legierungen den Rotguß in diesen Betrieben um das vielfache zu übertreffen vermögen. Diese Gesichtspunkte gelten in besonders hohem Maße für die Betriebe, die einen erheblichen Bedarf an Lagermetallen aufzuweisen haben, wie Walzwerksbetriebe, Brikettierwerke, Maschinenfabriken u. dgl. Die Punkte, auf die bei der Überwachung besonders Rücksicht zu nehmen ist, können sehr mannigfacher Art sein. Sie müssen dem jeweiligen Betriebe auf das genaueste angepaßt werden. In erster Linie muß sich die Kontrolle erstrecken auf:

1. Bezeichnung der Lagerart und der Abmessungen.
2. Maschinenart und Betriebsbedingungen der Lager.
3. Chemische und mechanische Kontrolle des Lagermetalles.
4. Schmelz- und gießtechnische Angaben.
5. Prüfung des fertigen Ausgusses.
6. Betriebsergebnisse.

Ein Schema, in dem die wichtigsten Daten für die Betriebsüberwachung zusammengestellt sind, ist in der Schlußzahlentafel Nr. 22 wiedergegeben. Der Zahlentafel sind Betriebsversuche mit Zinnweißmetall und Rotguß in Walzwerken zugrunde gelegt. Selbstverständlich kann auch die Kontrolle für andere Maschinenarten nach ähnlichen Gesichtspunkten durchgeführt werden.

Anwendungsgebiete und Betriebserfahrungen.

Zahlentafel 22.

Laufende Nr.	Bezeichnung	Gußcharge Nr.	Soll-Zusammensetzung	Walzwerks	Art des Lagers	Abmessungen Durchmesser mm	Abmessungen Länge mm	Gießtemperatur °C	Gießform Temperatur °C	Gießform Art	Analyse % Sn	Analyse % Cu	Analyse % Sb	Analyse % Pb	Härte: kg/qmm	Art der Schmierung	Art des Walzgutes	Leistung an Arbeitsgut in t	Abnutzung mm	Datum	Bemerkung
1	M$_1$	103	80% Sn; 5% Cu; 15% Sb	450 Straße	Unterlager a	300/320		400	200	Sandform	75,0	4,5	15,0	5,5	30,0	Fett	Platinen	5000	15	5./I. 19	
2	M$_2$	103			Unterlager c			380	220		79,0	6,0	14,0	1,0	31,0	Teerbrikett	Unterlagplatten, Knüppel	8000	20	20./I. 19	
3	O$_1$	103		500 Straße	Oberlager a	330/380		410	180	Eisenkokille	77,0	4,0	12,0	7,0	30,5	Fett		7000	8	2./II. 19	
4	O$_2$	103			Hängelager a			385	200		80,5	5,5	13,0	1,0	32,0	Fett		10000	16	11./I. 19	
5	U$_1$	103						400	210		77,0	4,8	16,0	2,2	29,0	Teerbrikett		20000	22	18./I. 19	
6	U$_2$	103		700 Straße	Unterlager a	380/350		400	200	Sandform	78,0	5,3	15,5	1,2	31,0	Fett	Knüppel	12000	17	7./II. 19	
7	U$_2$	107	88% Cu; 10% Sn; 1,5% Pb; 0,5% Zn	400 Straße	Hängelager c	280/300		1150	190		13,0	85,0	Zn 0,8	1,2	72,0	Fett	Knüppel	6000	12	15./II. 19	
8	O$_1$	107		550 Straße	Oberlager a	320/300		1080	215	Eisenkokille	11,5	87,0	0,6	0,9	81,0	Teerbrikett	Platinen	5400	20	18./III. 19	
9	U$_1$	107		700 Straße	Oberlager b	380/350		1120	230		12,0	86,0	0,3	1,7	78,0	Teerbrikett	Unterlagplatten	7300	21	3./II. 19	
10	M$_2$	107		450 Straße	Unterlager d	300/280		1100	200	Sandform	9,5	88,5	0,7	1,3	84,0	Fett		5900	14	6./III. 19	
11	O$_2$	107			Oberlager d			1190	220	Eisenkokille	15,3	83,0	0,2	1,5	75,0	Fett	Knüppel	6200	19	24./II. 19	

Sachverzeichnis.

Achsenlager für Eisenbahnwagen 106.
Abmessung der Ölluft 92.
Abnutzungsverfahren 38.
Altmetallzusätze für Rotguß 7.
— Einheits- und Weißmetall 11.
— Lurgi-Lagermetall 17.
Auflagefläche 92.
Anlaufversuche 53.
Anpassungsfähigkeit 88.
Arbeitsleistung 112.
Arbeitsmaschinenlager 99, 103, 108.
Ausbohrfutter 33.

Bearbeitung 32.
Betriebserfahrungen 97.
Betriebskontrolle 112.
Betriebstechnisches 88.
Blasen 35.
Bleinester 81.
Blockstraßen 111.
Brikettpressen 109.
Brinell-Mayer Härte 31, 67.

Chemische Kontrolle 113.

Dochtschmierung 103.
Drehbarkeit 32.
Druckdauer 69.
Druckfestigkeit 61.
Druckfestigkeit bei hohen Temperaturen 70.
Drucklast 69.
Druckringe 105.

Effektive Druckfestigkeit 65.
Einheitsmetall 6, 9.
Einlaufen 45.
Einstellbarkeit 88.
Elastizitätsgrenze 56.

Elektromaschinen-Lager 100.
Entmischung 83.
Erstarren und Abkühlen 27.
Erstarrungszeit 26.

Fehler nach der Bearbeitung 34.
Fester Ölring 96.
Fettloch-Schmierung 95.
Filz-Schmierung 103.
Flächenpressung 92.
Formänderungen 57, 66, 71, 77.

Gasöfen 18.
Gefüge von Rotguß 76.
— Zinnweißmetall 80.
— des normalen Einheitsmetalles 80.
— Lurgi-Lagermetalles 82.
Geseigertes Einheitsmetall 83.
Geschichtliche Daten 1.
Geschlossene Lagerbüchsen 35.
Gießbarkeit 24.
Gießen 25.
Gießtechnisches 20.
Gießformen 20.
Gießen in eißerne Formen 20.
— Sandformen 21.
Gießtemperaturen 24.
Gleitgeschwindigkeit 44.
Gleitliniensystem 58.
Gleitschuh 101.
Gleitbahn 102.
Grobkörniges Zinnweißmetall 83.
— Einheitsmetall 83.
— Lurgi-Lagermetall 83.
Grobstraßen 111.
Gußqualität 26.
Gußspannungen 27.

Sachverzeichnis.

Haftbarkeit 27.
Hauptarten der Lagermetalle 5.
Heißlaufen 71.
Heterogenität 75, 83.
Härteprüfung 30.
Härte bei Zimmertemperatur 67.
Härteprüfmaschine der Düsseldorfer Maschinenfabrik 68.
Härtezahl 67.
Härte bei hohen Temperaturen 70.
Hohlräume 83, 88.
Holzbearbeitungsmaschinen 100.
Homogenität 76.

Kalottenauflagerung 89.
Kammlager 105.
Kantenpressung 50.
Klangfester Sitz 30.
Kontrolle der Lager im Betrieb 112.
Konstruktionstechnisches 88.
Kraftmaschinenlager 98, 103, 108.
Kraftersparnis 90.
Kreuzkopf 101.
Kurbelwellenlager 102.
Konische Bohrlöcher 29.

Lager- und Ölprüfmaschine nach Martens 36, 37, 38.
Lager mit Kantenpressung 50.
— normaler Ölluft 91.
— ungenügender Ölluft 91.
— übertrieben großer Ölluft 91.
— Ölnuten 92, 93.
— ohne Ölnuten 94.
— für geringe Belastungen 98.
— mittlere Belastungen 102.
— hohe Belastungen 105.
— höchste Belastungen 109.
Lagerschale mit normaler Lauffläche 46.
Lagerschale mit verkleinerter Lauffläche 47.
— Schmiernute üblicher Anordnung 35.
Lagertemperaturen 43.

Laufversuche bei sehr hohem Zapfendruck 47.
— unter anormalem Zapfendruck 50.
— bei normalem Zapfendruck 45.
Loser Ölring 95, 96.
Lurgi-Lagermetall 6, 14.
Lunkerbildung 35, 83.

Maschinentechnische Prüfung 35.
Maßregeln beim Enschmelzen 6.
Materialprüfungstechnisches 55.
Mechanische Kontrolle 113.
Metallographische Prüfung 75.

Nachbehandlung 25.
Nachhärtung 72.
Nebenlager 98.
Neubestrebungen 5.
Nominelle Druckfestigkeit 64.

Öfen 14.
Ölluft 34, 90.
Ölnuten 92.
Ölschicht 91.
Ölstrom 90.
Ölring fest 95, 96.
Ölring lose 95, 96.
Ölringschmierung 34.

Pleuelstangenlager 105.
Poliermaschinen 100.
Poren 35.
Prüfungstechnisches 35.
Prüfstände 38.
Prüfstand für Lagerversuche 41.
Prüfungsergebnis über Lagermetalle 45.
Preßölschmierung 95, 96.

Reibungsprüfmaschine Mohr und Federhaff 36, 39, 40.
Reibungsverfahren 36.
Ringschmierung 95.
Rißbildung 27.
Rotguß 6.
Rotguß verdorben 76, 79.

Sachverzeichnis. 117

Saugwirkung des Zapfens 91.
Schädigungen von Rotguß durch Fremdmetalle 9.
— Zinnweiß- und Einheitsmetall durch Fremdmetalle 14.
— Lurgi-Lagermetall durch Fremdmetalle 18.
Schema für die Betriebsüberwachung 113.
Scherhärteprüfer 31.
Schmelztechnisches 6.
Schmelztemperatur 6.
— für Zinnweißmetall und Einheitsmetall 9.
Schmierung 34, 94.
Schmiermittel 94.
Schienenstoß 106.
Schleifmaschinen 100.
Schnellauflager 99.
Schwalbenschwanznuten 28.
Schwindmaße 22.
Schutzschicht 7, 14.
Seigerung 83.
Selbsteinstellbare Lager 89.
Skelette 29.
Spezifisches Gewicht 22.
Spiegelapparat nach Martens 57.
Spitzenauflagerung 76, 80.
Spurlager 104.
Stauchversuche 61.
Stauchfähigkeit 61.
Stauchdiagramme 65, 66.
Staufferbüchsen-Schmierung 100.
Staub- und Walzensinter 110.
Stehender und liegender Guß 23.
Steigender und fallender Guß 23.
Stoßbelastung 52.
Störende Nebenerscheinungen 54.

Teilungseinlagen 21.
Temperaturen im Lager 94.
Tragfläche 93.
Transmissionslager 103.
Turbinenlager 98.

Überhitzung von Lurgi-Lagermetall 14, 83.
— Zinnweiß- und Einheitsmetall 9, 83.
Umgebaute Lagerschalen 90.

Verlauf der Prüfung 45.
Ventilatoren 100.
Versuchsanordnung durch Ablesefernrohre nach Martens 57.
— für den Scherhärteprüfer 32.
Versuchsergebnisse bei mittlerem Zapfendruck 46.
Vibrationen der Welle 96.
Vorrichtung für Wechselbelastung 53.
Vorwärmen der Gießformen 23.

Wahl eines Lagermetalles 97.
Walzensinter 110.
Walzwerkslager 109.
Wechselbelastung 52.
Werkzeugmaschinenlager 98, 103, 108.
Werktechnische Prüfung 30.

Zapfendruck 44.
Zinnersatz 5.
Zinnweißmetall 6, 9, 80.
Zinnsäure in Rotguß 7.
— Weißmetall 10.
Zugabe für verlorenen Kopf 22.
Zweizehntelprozent-Grenze 60.
Zweckmäßige Anordnung der Ölnuten 93.

Verlag von Julius Springer in Berlin W 9

Moderne Metallkunde in Theorie und Praxis

Von

Oberingenieur **J. Czochralski**
Leiter des Metall-Laboratoriums der Metallbank
und Metallurgischen Gesellschaft A.-G, Frankfurt a. M.

Mit 298 Textabbildungen. (308 S.) Erscheint Anfang Sommer 1924.

Die Verfestigung der Metalle durch mechanische Beanspruchung. Die bestehenden Hypothesen und ihre Diskussion. Von Professor Dr. **H. W. Fraenkel,** Privatdozent an der Universität Frankfurt a. M. Mit 9 Textfiguren und 2 Tafeln. (V u. 46 S.) 1920.
1,80 Goldmark / 0,45 Dollar

Die Theorie der Eisen-Kohlenstoff-Legierungen. Studien über das Erstarrungs- und Umwandlungsschaubild nebst einem Anhang: **Kaltrecken und Glühen nach dem Kaltrecken** von E. **Heyn,** weiland Direktor des Kaiser-Wilhelm-Instituts für Metallforschung. Herausgegeben von Professor Dipl.-Ing. **E. Wetzel.** Mit 103 Textabbildungen und XVI Tafeln. (VIII u. 185 S.) 1924.
Gebunden 12 Goldmark / Gebunden 2,90 Dollar

Metallurgische Berechnungen. Praktische Anwendung thermochemischer Rechenweise für Zwecke der Feuerungskunde, der Metallurgie des Eisens und anderer Metalle. Von **Jos. W. Richards,** Professor der Metallurgie an der Lehigh-Universität. Autorisierte Übersetzung nach der zweiten Auflage von Professor Dr. **Bernhard Neumann,** Darmstadt und Dr.-Ing. **Peter Brodal,** Christiania. Unveränderter Neudruck 1920. (XIV u. 600 S.)
Gebunden 24 Goldmark / Gebunden 5,75 Dollar

Die Messung hoher Temperaturen. Von **G. K. Burgess** und **H. Le Chatelier,** Membre de l'Institut. Nach der dritten amerikanischen Auflage übersetzt und mit Ergänzungen versehen von Professor Dr. **G. Leithäuser,** Dozent an der Technischen Hochschule Hannover. Mit 178 Textfiguren. (XVI u. 486 S.) 1913.
18 Goldmark / 4,30 Dollar

Mechanische Technologie der Metalle in Frage und Antwort. Von Dr.-Ing. **E. Sachsenberg,** ord. Professor an der Technischen Hochschule Dresden. Mit zahlreichen Abbildungen. (VI u. 219 S.) 1924.
6 Goldmark; gebunden 6,80 Goldmark / 1,45 Dollar; gebunden 1,65 Dollar

Verlag von Julius Springer in Berlin W 9

Die Konstruktionsstähle und ihre Wärmebehandlung. Von Dr.-Ing. **Rudolf Schäfer.** Mit 205 Textabbildungen und einer Tafel. (VIII u. 370 S.) 1923.   Gebunden 15 Goldmark / Gebunden 3,60 Dollar

Die Werkzeugstähle und ihre Wärmebehandlung. Berechtigte deutsche Bearbeitung der Schrift: „The heat treatment of tool steel" von **H. Brearley,** Sheffield. Von Dr.-Ing. **Rudolf Schäfer.** Dritte, verbesserte Auflage. Mit 226 Textabbildungen. (X u. 324 S.) 1922.
Gebunden 12 Goldmark / Gebunden 2,90 Dollar

Die Schneidstähle, ihre Mechanik, Konstruktion und Herstellung. Von Dipl.-Ing. **Eugen Simon.** Dritte, vollständig umgearbeitete Auflage. Mit etwa 545 Textabbildungen.   In Vorbereitung

Probenahme und Analyse von Eisen und Stahl. Hand- und Hilfsbuch für Eisenhütten-Laboratorien. Von Professor Dipl.-Ing. **O. Bauer** und Professor Dipl.-Ing. **E. Deiß.** Zweite, vermehrte und verbesserte Auflage. Mit 176 Abbildungen und 140 Tabellen im Text. (VIII u. 304 S.) 1922. Gebunden 12 Goldmark / Gebunden 2,90 Dollar

Die praktische Nutzanwendung der Prüfung des Eisens durch Ätzverfahren und mit Hilfe des Mikroskopes. Kurze Anleitung für Ingenieure, insbesondere Betriebsbeamte. Von Dr.-Ing. **E. Preuß** †. Zweite, vermehrte und verbesserte Auflage herausgegeben von Professor Dr. **G. Berndt,** Privatdozent an der Technischen Hochschule zu Charlottenburg und Ingenieur **A. Cochius,** Leiter der Materialprüfungsabteilung der Fritz Werner A.-G., Berlin-Marienfelde. Mit 153 Figuren im Text und auf 1 Tafel. (VIII u. 124 S.) 1921.   Gebunden 3,50 Goldmark / Gebunden 0,85 Dollar

Vita-Massenez, Chemische Untersuchungsmethoden für Eisenhütten und Nebenbetriebe. Eine Sammlung praktisch erprobter Arbeitsverfahren. Zweite, neubearbeitete Auflage von Ing.-Chemiker **Albert Vita,** Chefchemiker der Oberschlesischen Eisenbahnbedarfs-A.-G., Friedenshütte. Mit 34 Textabbildungen. (X u. 198 S.) 1922.
Gebunden 6,40 Goldmark / Gebunden 1,55 Dollar

Die Praxis des Eisenhüttenchemikers. Anleitung zur chemischen Untersuchung des Eisens und der Eisenerze. Von Professor Dr. **Carl Krug,** Berlin. Zweite, vermehrte und verbesserte Auflage. Mit 29 Textabbildungen. (VIII u. 200 S.) 1923.
6 Goldmark; gebunden 7 Goldmark / 1,45 Dollar; gebunden 1,70 Dollar

Lötrohrprobierkunde. Anleitung zur qualitativen und quantitativen Untersuchung mit Hilfe des Lötrohres. Von Professor Dr. **Carl Krug,** Berlin. Mit 2 Figurentafeln. (VI u. 80 S.) 1914.
Gebunden 3 Goldmark / Gebunden 0,75 Dollar

Verlag von Julius Springer in Berlin W 9

Das schmiedbare Eisen. Konstitution und Eigenschaften. Von Professor Dr.-Ing. **Paul Oberhoffer,** Aachen. Zweite, verbesserte und vermehrte Auflage. Mit etwa 345 Textfiguren und einer Tafel.
In Vorbereitung

Die Formstoffe der Eisen- und Stahlgießerei. Ihr Wesen, ihre Prüfung und Aufbereitung. Von **Carl Irresberger.** Mit 241 Textabbildungen. (V u. 245 S.) 1920. 10 Goldmark / 2,40 Dollar

Handbuch der Eisen- und Stahlgießerei. Unter Mitarbeit von zahlreichen Fachleuten herausgegeben von Dr.-Ing. **C. Geiger.**
  I. Band: **Grundlagen.** Zweite Auflage. Mit etwa 180 Textabbildungen und 5 Tafeln. In Vorbereitung
  II. Band: **Betriebstechnik.** Mit 1276 Figuren im Text und auf 4 Tafeln. (X u. 772 S.) Unveränderter Neudruck. 1920.
Gebunden 36 Goldmark / Gebunden 9 Dollar
  III. (Schluß-) Band: **Anlage, Einrichtung und Verwaltung der Gießerei.** In Vorbereitung

Leitfaden für Gießereilaboratorien. Von Geh. Bergrat Professor Dr.-Ing. e. h. **Bernhard Osann,** Clausthal. Zweite, erweiterte Auflage. Mit 12 Abbildungen im Text. (IV u. 62 S.) 1924.
2,70 Goldmark / 0,65 Dollar

Die Herstellung des Tempergusses und die Theorie des Glühfrischens nebst Abriß über die Anlage von Tempergießereien. Handbuch für den Praktiker und Studierenden. Von Dr.-Ing. **Engelbert Leber.** Mit 213 Abbildungen im Text und auf 13 Tafeln. (VIII u. 312 S.) 1919. 16 Goldmark / 3,80 Dollar

Handbuch des Materialprüfungswesens für Maschinen- und Bauingenieure. Von Dipl.-Ing. **Otto Wawrziniok,** ord. Professor an der Technischen Hochschule, Dresden. Zweite, vermehrte und vollständig umgearbeitete Auflage. Mit 641 Textabbildungen. (XX u. 700 S.) 1923. Gebunden 22 Goldmark / Gebunden 5,25 Dollar

Die Werkstoffe für den Dampfkesselbau. Eigenschaften und Verhalten bei der Herstellung, Weiterverarbeitung und im Betriebe. Von Oberingenieur Dr.-Ing. **K. Meerbach.** Mit 53 Textabbildungen. (VIII u. 198 S.) 1922.
7,50 Goldmark; gebunden 9 Goldmark / 1,80 Dollar; gebunden 2,15 Dollar

Die Kessel- und Maschinenbaumaterialien nach Erfahrungen aus der Abnahmepraxis kurz dargestellt für Werkstätten- und Betriebsingenieure und für Konstrukteure. Von **O. Hönigsberg,** Zivilingenieur, Wien. Mit 13 Textfiguren. (VIII u. 90 S.) 1914.
3 Goldmark / 0,75 Dollar

Verlag von Julius Springer in Berlin W 9

Lehrgang der Härtetechnik. Von Studienrat Dipl.-Ing. **Joh. Schiefer** und Fachlehrer **E. Grün.** Zweite, vermehrte und verbesserte Auflage. Mit 192 Textfiguren. (VIII u. 218 S.) 1921.
5 Goldmark; gebunden 6,70 Goldmark / 1,20 Dollar; gebunden 1,60 Dollar

---

Härte-Praxis. Von **Carl Scholz.** (42 S.) 1920. 1 Goldmark / 0,25 Dollar

---

Härten und Vergüten. Erster Teil: **Stahl und sein Verhalten.** Von **Eugen Simon.** Zweite, verbesserte Auflage. Mit 63 Figuren und 6 Zahlentafeln. (Aus »Werkstattbücher für Betriebsbeamte, Vor- und Facharbeiter«, herausgegeben von **Eugen Simon.** Heft 7.) (64 S.) 1923.
1 Goldmark / 0,25 Dollar

Härten und Vergüten. Zweiter Teil: **Die Praxis der Warmbehandlung.** Von **Eugen Simon.** Zweite, verbesserte Auflage. Mit 105 Figuren und 11 Zahlentafeln. (Aus »Werkstattbücher für Betriebsbeamte, Vor- und Facharbeiter«, herausgegeben von **Eugen Simon.** Heft 8.) (64 S.) 1923. 1 Goldmark / 0,25 Dollar

---

Schmieden und Pressen. Von **P. H. Schweißguth,** Direktor der Teplitzer Eisenwerke. Mit 236 Textabbildungen. (IV u. 110 S.) 1923.
4 Goldmark / 0,95 Dollar

Die Berechnung des Werkstoffverbrauches bei gestanzten, gezogenen und gedrehten Gegenständen im Bereich der Metallindustrie. Von **Leonhard Glück,** Ingenieur. Mit 125 Textabbildungen und 10 Zahlentafeln. (V u. 91 S.) 1923.
3,20 Goldmark; gebunden 4 Goldmark / 0,80 Dollar; gebunden 0,95 Dollar

---

Werkstoffprüfung für Maschinen- und Eisenbau. Von Dr. **G. Schulze,** Ständiges Mitglied am Staatlichen Materialprüfungsamt Berlin-Dahlem und Dipl.-Ing. **E. Vollhardt,** Studienrat an der Beuthschule Berlin. Mit 213 Textabbildungen. (VIII u. 185 S.) 1923.
7 Goldmark; gebunden 7,80 Goldmark / 1,70 Dollar; gebunden 1,90 Dollar

---

Taschenbuch für den Maschinenbau. Unter Mitwirkung von Fachleuten herausgegeben von Professor **H. Dubbel,** Ingenieur, Berlin. Vierte, erweiterte und verbesserte Auflage. Mit 2786 Textfiguren. In zwei Bänden. (XI u. 1728 S.) 1924.
Gebunden 18 Goldmark / Gebunden 4,30 Dollar

MIX
Papier aus verantwortungsvollen Quellen
Paper from responsible sources
FSC® C105338

If you have any concerns about our products,
you can contact us on
ProductSafety@springernature.com

In case Publisher is established outside the EU,
the EU authorized representative is:
**Springer Nature Customer Service Center GmbH
Europaplatz 3, 69115 Heidelberg, Germany**

Printed by Libri Plureos GmbH
in Hamburg, Germany